MAKO P. DAKOW

BIOLOGISCHE BESONDERHEITEN DER EICHE UND MASSNAHMEN ZUR VERBESSERUNG IHRER NACHZUCHT

MAKO P. DAKOW

BIOLOGISCHE BESONDERHEITEN DER EICHE UND MASSNAHMEN ZUR VERBESSERUNG IHRER NACHZUCHT

1955

AKADEMIE-VERLAG · BERLIN

Мако П. Даков

Биологические особенности дуба и меры по улучшению его выращивания

Erschienen im Verlag der Bulgarischen Akademie der Wissenschaften
Sofia 1950

Übersetzt aus dem Russischen von Forstmeister A. Reinwaldt
Wissenschaftliche Redaktion: Dipl.-Forstwirt J. Pacher, Berlin

Die Herausgabe dieses Werkes wurde gefördert
vom Kulturfonds der Deutschen Demokratischen Republik

Erschienen im Akademie-Verlag Berlin W 8, Mohrenstr. 39
Lizenz-Nr. 202 — 100/29/54

Satz und Druck: VEB Druckerei der Werktätigen, Halle (Saale)
Bestell- und Verlags-Nr. 5152
Prindet in Germany

Inhaltsverzeichnis

Einleitung

Die Hebung der Widerstandsfähigkeit der Eichenwälder, die Beschleunigung ihres Wachstums und die Steigerung ihrer Leistung gehören zu den vordringlichsten Aufgaben der Forstwirte.

Die volkswirtschaftliche Bedeutung der Eiche wächst ständig ungeachtet der Fortschritte der chemischen und physikalischen Holztechnologie. Fast alle wichtigen Industriezweige, darunter auch der landwirtschaftliche Maschinenbau, der Wagen- und Autobau, die Kohlen- und Möbelindustrie, verbrauchen für ihre Produktion bedeutende Mengen Eichenholz.

Die breite Verwendung des Eichenholzes in den verschiedenen Industriezweigen und des Transportwesens ist auf die wertvollen technischen Eigenschaften dieser Holzart — auf ihre Haltbarkeit, ihre leichte Bearbeitung, ihre Zug- und Bruchfestigkeit, insbesondere aber auf ihre Widerstandsfähigkeit gegen Fäule — zurückzuführen. Nach Angaben des Laboratoriums des Zentralen Wissenschaftlichen Forschungsinstitutes für mechanische Holzbearbeitung (ZNIIMOD) in Moskau ist die Widerstandsfähigkeit verschiedener Holzarten gegen Fäule durch folgende Vergleichstabelle gekennzeichnet:

Birke	2,0	Esche	9,1
Ahorn	3,2	Eiche	69,2

Diese Angaben charakterisieren die hohe Qualität der technischen Eigenschaften des Eichenholzes im Vergleich zu anderen, insbesondere zu harten Holzarten und erklären die Ursachen seiner breiten Verwendung sowohl im Innenhandel als auch für den Export.

Wie Professor M. E. TKATSCHENKO berichtet, sind die Preise für keine Ware des Weltmarktes im Laufe des vorigen Jahrhunderts so gestiegen wie bei Eichenholz. Wie hoch dieses bewertet wird, ist aus folgenden Beispielen zu ersehen:

Der französische Forstinspektor DUKALIER berichtete unlängst, daß im Jahre 1930 einzelne 12 m lange und 1,18 m starke Eichenblöcke für 23 835 Francs, d. h. ein Kubikmeter für 1833 Francs, ein Kilogramm für 3¹/₄ Francs verkauft wurden.

Der deutsche Forstmann ENDRES führt analoge Beispiele für die Eiche des bayrischen Spessarts an, wo die Preise im Laufe eines Jahrhunderts von 1 bis 10 Mark pro Festmeter auf mehr als 1000 Mark pro Festmeter gestiegen sind.

Für die Anzucht der Eiche gibt es auf der Erde eine verhältnismäßig beschränkte Anzahl von Gebieten. Die bekanntesten Eichenwälder sind im wesentlichsten die Wolyniens und Podoliens in der Ukraine, die Wälder um Mogilew und Gomel Weißrußlands, um Tula und Woronesch Zentralrußlands, sowie die Eichenwälder Frankreichs, der Zentralstaaten der USA und des Spessarts in Deutschland.

In der Sowjetunion ist die Bedeutung der Eiche, im Zusammenhang mit dem historischen Beschluß des Ministerrats der UdSSR und des ZK der KPdSU (B) „Über den Plan der Begründung von feldschützenden Waldbeständen, der Einführung des Trawopolnaja - Fruchtfolgesystems, des Baues von Teichen und Wasserbecken zur Sicherung hoher und beständiger Ernten in Steppen- und Waldsteppengebieten des Europäischen Teiles der UdSSR", noch mehr gestiegen. Nach diesem Plan müssen von 1949 bis 1965 auf 120 Millionen Hektar Steppenboden Waldbestände begründet werden. Die Waldbestände selbst werden eine Fläche von 6 Millionen Hektar einnehmen, was der Hälfte der Wälder Deutschlands entspricht. Die Verteilung der Wälder wird im Interesse der Volkswirtschaft eine Veränderung erfahren. Die Worte des großen Umgestalters der Natur J. W. MITSCHURIN: „Wir können nicht auf Gnadengeschenke der Natur warten, sie ihr zu entreißen, ist unsere Aufgabe", werden verwirklicht werden.

In dem gewaltigen STALINschen Plan der Umgestaltung der Natur, der seinesgleichen in der menschlichen Geschichte nicht findet, ist der Eiche die erste Stelle eingeräumt.

In kapitalistischen Ländern, in denen der Boden durch Privateigentum zerstückelt ist, können die Holzarten für die Ertragssteigerung landwirtschaftlicher Kulturen nicht so wie im Lande des Sozialismus ausgenutzt werden. Der ganze Charakter der kapitalistischen Wirtschaft führt zu einer Vernichtung des Waldes. Der Charakter der sozialistischen Wirtschaft führt dagegen zu einer Begründung von Wald, und zwar nicht nur an Stellen, die früher mit Wald bestockt waren, sondern auch dort, wo niemals Wald gewesen ist, da dies zur Hebung des materiellen Wohlstandes der Werktätigen erforderlich ist.

MARX hat gesagt, daß es „dem Kommunisten darum geht, die bestehende Welt zu revolutionieren und die Dinge so zu sehen, wie sie wirklich sind und sie speziell den Bedürfnissen des Menschen dienstbar zu machen".

Daher ist es jetzt besonders wichtig, ein System von Maßnahmen auszuarbeiten, das auf eine Steigerung der Widerstandsfähigkeit und eine Beschleunigung des Wachstums der Eiche gerichtet ist.

Die Veränderung der Natur der Holzarten im allgemeinen und der Eiche im besonderen mit dem Ziel der vollständigen Anpassung an die Anforderungen, die vom Menschen gestellt werden, ist nur auf der Grundlage der MITSCHURINschen

Lehre möglich, die von der Sowjetwissenschaft unter der Führung des Akademikers T. D. LYSSENKO entwickelt wird.

Der MITSCHURINschen Biologie sind die modernsten Erkenntnisse, zu denen die biologische Wissenschaft in der Vergangenheit gelangte, zugrunde gelegt. Sie stellt einen neuen Abschnitt in ihrer weiteren Entwicklung dar.

Als eine der Grundfragen der Biologie erscheint die Frage nach der Art der Beziehung zwischen dem sich entwickelnden Organismus und den Umweltfaktoren. Nach der Lehre MITSCHURINS können die Lebensprozesse eines sich entwickelnden Organismus nur in Wechselbeziehung zu den Daseinsbedingungen betrachtet werden.

Diejenigen Bedingungen, die im Prozeß der individuellen Entwicklung von der Natur des Organismus verlangt werden, beteiligen sich in jedem Fall an der Prägung der Erblichkeit. Daraus geht deutlich hervor, daß Veränderungen der Erbanlagen des Organismus vollständig nur entsprechend der Einwirkung der sich verändernden Umweltsverhältnisse erfolgen können.

Der Kern der MORGANschen Lehre besteht aber in der Herausstellung einer Selbständigkeit der Erscheinungen der Erblichkeit, einer Unabhängigkeit dieser von Daseinsbedingungen. Die These der Morganisten von der Selbständigkeit der Erscheinungen der Erblichkeit steht in direktem Widerspruch zu Tatsachen, die der biologischen Wissenschaft und der Praxis bekannt sind.

Indem sowjetische Biologen die Wissenschaft aller Wissenschaften — die marxistisch-dialektische Methode — sich aneignen und experimentelle Unterlagen sammeln, enthüllen sie das idealistische Wesen der MORGANschen Lehre.

Die im August 1948 abgehaltene Tagung der Lenin-Akademie der Landwirtschaftswissenschaften der UdSSR hat den modernen Weismanismus als idealistisch-reaktionäre Richtung in der Biologie vernichtend geschlagen.

T. D. LYSSENKO hat in seinem Vortrag „Über die Lage in der Biologischen Wissenschaft" die volle theoretische Nichtanwendbarkeit und die praktische Unfruchtbarkeit des Mendelismus - Morganismus aufgezeigt. Die theoretische Grundlage des heutigen Weismanismus, die sogenannte Chromosomen-Erblichkeitstheorie, ist ein rein spekulatives, scholastisches Gebilde.

Auf Grund der Lehre MITSCHURINS können zur Lösung der Frage einer Verkürzung des Zeitraumes, der für die Entwicklung des Baumes vom Keimen des Samens bis zum erstrebten Endprodukt notwendig ist, folgende Wege beschritten werden:

1. Einwirkung auf die Umwelt, in der sich die Pflanze entwickelt; Beeinflussung derjenigen Faktoren, die Wachstum und Entwicklung des Baumes bestimmen: Einwirkung auf den Boden, Pflegehiebe, Endnutzungshiebe u. a.;

2. Anwendung der Methode der Auslese oder Selektion schnellwachsender Formen. Es kann vom vorhandenen Material ausgegangen und durch Anwendung der Selektion neue Formen gezüchtet werden, die bedeutend schneller wachsen und unseren Anforderungen genügen;

3. Einfuhr schnellwachsender Holzarten aus anderen Ländern, deren Erziehung und Akklimatisation.

Wir wollen in unserer Arbeit nicht bei allen Möglichkeiten verweilen, die von der MITSCHURINschen Agrobiologie für die Umgestaltung der Natur der Eiche empfohlen werden. Wir wollen versuchen nachzuweisen, von welch gewaltiger Bedeutung die von T. D. LYSSENKO herausgestellte These der MITSCHURINschen Biologie von den inner- und zwischenartlichen Beziehungen für die Beschleunigung des Wachstums der Eiche und überhaupt für die Leistungssteigerung der Eichenwälder ist.

In der Forstwissenschaft sind idealistische Anschauungen der Morganisten-Mendelisten immer noch nicht endgültig beseitigt. Bei der Bearbeitung von Fragen des Waldbaues ist der materialistische Kern des Darwinismus — die Theorie der natürlichen und künstlichen Auslese — sehr schwach ausgewertet. Demgegenüber aber sind sogar falsche Seiten der DARWINschen Theorie, die reaktionäre „Theorie von MALTHUS" von der Überbevölkerung und die aus dieser entspringende Idee eines innerartlichen Kampfes in den Vordergrund gestellt worden. Nach DARWIN findet ein erbitterter Kampf und eine Konkurrenz im Bereich einer Art statt, innerhalb der die Individuen in ihren Ansprüchen sehr ähnlich sind. Der große Verfasser hat tatsächlich einen ganzen Abschnitt seines Werkes „Entstehung der Arten" wie folgt betitelt: „Der Kampf ums Dasein ist besonders erbittert zwischen Individuen und Abarten der gleichen Art."

Die von T. D. LYSSENKO durchgeführte kritische Analyse der Werke DARWINS hat jedoch gezeigt, daß bei DARWIN eigentlich kein einziges Beispiel innerartlichen Kampfes gegeben ist. DARWIN hat die kompliziertesten Wechselbeziehungen zwischen einzelnen Arten aufgedeckt, wobei aber seine sämtlichen Beispiele, die den eigentlichen Kampf ums Dasein betreffen (Schwalben, Schaben, Ratten), zwischenartliche und nicht innerartliche Beziehungen berühren.

Die innerartliche Konkurrenz geht von der „Theorie" von MALTHUS aus und widerspricht dem eigentlichen Wesen der DARWINschen Evolutionslehre.

„DARWIN hat in seinem überragenden Werk" — schrieb Karl MARX — „nicht bemerkt, daß er die Theorie von MALTHUS widerlegt, indem er im Tier- und Pflanzenreich eine ‚geometrische' Progression entdeckt. Die Theorie von MALTHUS gründet sich gerade darauf, daß er die WELLSsche geometrische Progression des Menschen einer schimären ‚arithmetischen' Progression der Tiere und Pflanzen gegenüberstellt." „Im Werk DARWINS ist z. B. bei der

Besprechung der Ursachen für das Aussterben der Arten — abgesehen von seinem Grundprinzip — auch eine ausführliche naturgeschichtliche Widerlegung der Theorie von MALTHUS enthalten."

MALTHUS hat seine Theorie geschaffen, um die in der bürgerlichen Gesellschaft allgemein auftretende Erscheinung zu rechtfertigen, nach der der bei weitem größte Teil der Menschen die materiellen Güter, sogar ungeachtet deren Überproduktion, zur normalen Befriedigung ihrer Bedürfnisse nicht erhält.

T. D. LYSSENKO hat erstmalig in der biologischen Wissenschaft das Fehlen einer innerartlichen Konkurrenz und gegenseitigen Hilfe sowie die Existenz eines zwischenartlichen Kampfes und einer zwischenartlichen gegenseitigen Hilfe bei Pflanzen und Tieren festgestellt.

Ausgehend von dieser Feststellung in der biologischen Wissenschaft ist von T. D. LYSSENKO die Methode der Nestersaat von Kok-Saghys vorgeschlagen worden, die zu glänzenden Erfolgen im Hinblick auf eine bedeutende Ertragssteigerung dieser Kultur geführt hat. Gleichzeitig hat die Nestersaat von Kok-Saghys die Richtigkeit der Thesen LYSSENKOS vom Fehlen eines Kampfes und einer gegenseitigen Hilfe innerhalb der Arten und der Existenz eines Kampfes und einer gegenseitigen Hilfe zwischen den Arten bei Pflanzen und Tieren bekräftigt.

Indem er seine Arbeiten mit dem Ziel einer praktischen Auswertung der von ihm aufgedeckten biologischen Gesetzmäßigkeiten weiter fortsetzte, hat T. D. LYSSENKO auf ganz neue Art die Frage der Waldbegründung in großem Umfang in der Steppe gelöst und seine Methode der Nester-Waldsaat vorgeschlagen.

T. D. LYSSENKO geht davon aus, daß „sämtliche innerartlichen Wechselbeziehungen der Individuen, analog der Wechselbeziehung der Organe im Organismus, auf die Sicherung des Daseins, auf das Gedeihen der Art gerichtet sind, was einer Steigerung der Anzahl der Individuen der Art gleichkommt. Aus dem Leben wildlebender Pflanzen oder Tiere kann kein einziges Beispiel angeführt werden, bei dem dieses oder jenes Organ des Organismus, diese oder jene Eigenschaft einer Pflanze oder eines Tieres in irgendeiner Form seiner Art zum Schaden gereicht. Das ist eine der Grundthesen der DARWINschen natürlichen Auslese. Das Leben sowohl einzelner Individuen der betreffenden Art als auch ihrer Gesamtheit, das eben ist das Leben der Art. Zwischen den Individuen innerhalb der Art gibt es und kann es in der Natur keinen Kampf und keine gegenseitige Hilfe geben."

In der Biologie ist weitgehend bekannt, daß jede Pflanzen- und Tierart auf Kosten und zum Schaden anderer Arten lebt. Daher gibt es auch keine Art, auf deren Kosten oder zu deren Schaden nicht eine Reihe anderer Arten leben.

Von ein und denselben Arten nähren sich verschiedene Arten, auf ein und dieselben Lebensbedingungen erheben Individuen verschiedener Arten Anspruch.

Hieraus entsteht z. B. zwischen Pflanzenarten der Kampf um Licht, Feuchtigkeit, Nahrung. Für den Erfolg in dieser Konkurrenz haben sich bei verschiedenen Arten durch natürliche Auslese verschiedene Organe ausgebildet.

Neben dem zwischenartlichen Kampf und der Konkurrenz kann auch ein verschiedengradiger Zusammenschluß von Individuen verschiedener Arten für einen gemeinsamen Kampf ums Dasein beobachtet werden. Dabei ist dieser Zusammenschluß sowohl gegen Individuen anderer Arten, gegen Feinde und Konkurrenten, als auch gegen Unbilden der unbelebten Natur gerichtet. „Alles das zeugt davon" — schreibt T. D. LYSSENKO — „daß zwischen Individuen verschiedener Arten in der Natur ein Kampf, eine Konkurrenz und eine gegenseitige Hilfe besteht. Die innerartlichen Wechselbeziehungen der Individuen entsprechen aber weder der Vorstellung eines Kampfes noch der einer gegenseitigen Hilfe, da alle diese Wechselbeziehungen lediglich auf die Sicherung der Existenz der Art, auf ihr Gedeihen, auf die Steigerung der Zahl ihrer Individuen gerichtet sind."

Eine gründliche Analyse der praktischen Waldbegründung bekräftigt die Schlußfolgerungen T. D. LYSSENKOS. Sie zeigt, daß bei Baum- und Straucharten kein innerartlicher Kampf, keine Konkurrenz und keine gegenseitige Hilfe besteht, dagegen ist aber ein erbitterter zwischenartlicher Kampf gleichzeitig mit einer gegenseitigen Hilfe zwischen den Arten vorhanden. Der Grad und die Form des zwischenartlichen Kampfes und der gegenseitigen Hilfe zwischen Baum- und Straucharten im Walde hängt von ihren Erbanlagen, von Umweltverhältnissen sowie von Etappen (Stadien) des individuellen Lebens der Pflanzen verschiedener Arten und auch von Eingriffen des Menschen ab.

Im Lichte dieser neuen These — vom Fehlen eines innerartlichen Kampfes und einer gegenseitigen Hilfe und der Existenz eines zwischenartlichen Kampfes und einer zwischenartlichen gegenseitigen Hilfe — wollen wir versuchen, einige mit der Anzucht der Eiche verbundene Fragen zu überprüfen, und zwar Fragen, die mit der natürlichen (aus Samen) und künstlichen Verjüngung, mit Pflegehieben und Endnutzungshieben in Eichenwäldern zusammenhängen.

Kurze Ausführung über den gegenwärtigen Stand des Verjüngungsproblems der Eichenwälder

A. Naturverjüngung der Eichenwälder aus Samen

Eine Übersicht über die gesamte Literatur, die sich mit dieser Frage befaßt, kann nicht gebracht werden. Sie ist von A. B. SHUKOW aufgestellt worden.

In der vorliegenden Übersicht verweilen wir lediglich bei charakteristischen, insbesondere neuesten Veröffentlichungen in der wissenschaftlichen Presse. Dabei berücksichtigen wir im wesentlichen die Arbeiten, die in dieser oder jener Form Fragen der Wechselbeziehungen zwischen der Eiche und anderen Pflanzenarten berühren.

Wir versuchen unter dem Gesichtspunkt der These vom Fehlen einer innerartlichen Konkurrenz und gegenseitigen Hilfe und vom Bestehen eines zwischenartlichen Kampfes, einer Konkurrenz und gegenseitigen Hilfe, frühere Erfahrungen bei der Naturverjüngung aus Samen zu überprüfen. Auf Grund dieser im Laufe eines langen Zeitraumes gewonnenen umfangreichen praktischen Unterlagen ist es leicht, sich von der Schädlichkeit zu überzeugen, die für die forstwirtschaftliche Praxis entsteht, wenn man die biologische Theorie eines in der Natur nicht bestehenden erbitterten innerartlichen Kampfes, einer Konkurenz und einer gegenseitigen Hilfe anerkennt und das Bestehen eines zwischenartlichen Kampfes, einer Konkurrenz und einer gegenseitigen zwischenartlichen Hilfe ignoriert.

Die Frage der Naturverjüngung der Eiche begann die Forstwirte besonders gegen Ende des 19. Jahrhunderts zu beunruhigen.

BRAUNSDORFER (1894) berichtet, daß in Südwestgebieten vorzügliche Eichenbestände durch Hainbuchenbestände ersetzt worden sind. Das Verschwinden der Eichenwälder führt er auf „systemlose Plenterhiebe und Waldweide“ zurück. Um die Eiche in den Beständen zu erhalten, empfiehlt er, auf den Schlag 1 bis 2 Arschin hohe Heister, das sind etwa 100—350 Stück pro Deßjatine, im zweiten bis dritten Jahr nach dem Einschlag, wenn sich Ausschlag bildet, zu pflanzen. Er empfiehlt weiter, unter allen Umständen ein jährliches Auslichten und eine Läuterung so lange, bis die Eiche den herrschenden Bestandsschirm erreicht.

L. JASCHNOW (1892) hebt hervor, daß im Gouvernement Kiew, Podolien, Cherson und in anderen südlichen Gouvernements Überreste bester Wälder im Kahlschlag mit einer unmittelbaren Hiebsfolge oder in Springhieben abgetrieben werden. Mit einigen seltenen Ausnahmen verjüngen sich die Schläge durch Ausschlag von Eiche, Esche, Ahorn und anderer Holzarten mit vereinzelter Beimischung von Aufschlagexemplaren. Weiter hebt JASCHNOW hervor, daß der Jungwuchs, zu dessen Erhaltung er aufruft, mangels Pflege zugrunde geht.

M. M. ORLOW (1897) schreibt, daß die Verjüngung der Eiche auf Kahlschlägen der letzten 30 Jahre nicht als zufriedenstellend betrachtet werden kann. Die Ursache sieht er darin, daß Kahlschläge überhaupt keine gute Naturverjüngung der Eiche gewährleisten, daß die Samenbäume nicht immer den Anforderungen entsprachen und die entstandene Eichenverjüngung gar nicht gepflegt wurde. Analoge Äußerungen finden sich auch in anderen Arbeiten M. M. ORLOWS über Eichenwälder.

A. SOBOLEW (1898), der die Wälder Preußens, Bayerns, Böhmens und Elsaß-Lothringens bereiste und deren Forstwirtschaft kennenlernte, schreibt, daß er bei der Besichtigung der Wälder die größte Aufmerksamkeit der Bewirtschaftung der Eichenwälder schenkte, da vor allem diese eine gründliche Verbesserung verlangt. „Wenn diese Wirtschaft noch 50—60 Jahre in der gleichen Form weitergeführt wird, werden wir gezwungen sein, Eichenholz aus dem Auslande zu beziehen, da unsere alten Eichenbestände sich nach dem Abtrieb in irgend etwas anderes, aber nur nicht in Eichenwälder verwandeln werden."

Die Ursache für den Verfall der Eichenwälder sieht A. SOBOLEW in Kahlschlägen: „Der Kahlschlag ist der Natur der Eiche zuwider und führt daher zu keiner erfolgreichen Naturverjüngung."

Wl. K. ALEXEJEW (1902) weist darauf hin, daß das allmähliche Aussterben der Eiche die Aufmerksamkeit auf sich gelenkt hat und zum Gegenstand der Erörterung nicht nur einzelner Personen, sondern auch landwirtschaftlicher Gesellschaften geworden ist. Der Verfasser ist der Ansicht, daß die Ursache des Verfalls der Eiche das Hiebsflächensystem ist, da bei einem solchen Hiebsverfahren ungeheuer große Flächen der Eichenschläge unbesamt bleiben und mit Birke und Aspe verwachsen. Daher muß in reinen Eichenbeständen oder in Mischbeständen mit vorherrschender Eiche das Kahlschlagsystem unterbunden und durch ein Plentersystem ersetzt werden.

J. WESSELOWSKI hebt in seiner Beschreibung des Wachstums der Eiche in Tschernolesje vom Jahre 1907 hervor, daß nicht mehr als 5 % der Gesamtfläche der Schläge Bestände mit Vorherrschaft von Kernwuchseiche zu geben versprechen. Die Ursache dafür sieht der Verfasser in einer starken Entwicklung der Bodendecke. Der sich unter dem Bestandesschirm bildende Eichenaufschlag wird zuerst beim Holzeinschlag zertreten. Was noch erhalten bleibt, wird dann vom Unkraut verdämmt, das vom zweiten Jahre an üppig zu wuchern beginnt. „Die Herrschaft des Unkrauts", schreibt J. WESSELOWSKI, „dauert 4—6 Jahre, wonach sich der Boden verdichtet und das Unkraut mit dichtem Graswuchs wechselt. Vom Eichenaufschlag verbleiben bis zu diesem Zeitpunkt lediglich vereinzelte Exemplare."

Sämtliche vorstehend erwähnten Verfasser heben hervor, daß die Eiche auf Schlägen von Gräsern, Aspe, Birke und vom Ausschlag anderer Holzarten verdämmt wird. Alle empfehlen eine rechtzeitige Pflege, um der Eiche im Kampfe mit Individuen anderer Arten zu helfen. Ihnen war der zwischenartliche Kampf, die zwischenartliche Konkurrenz vollkommen klar. Sie haben aber die innerartlichen Beziehungen nicht verstanden. Zu ihrer Zeit wurde einmütig der Standpunkt vertreten, daß innerhalb der Art nicht nur ein Kampf und eine Konkurrenz bestehen, sondern daß diese viel erbitterter als zwischen den Arten sind, obwohl die Erfahrungen der Praxis zeigten, daß die Eiche auf Schlägen nicht durch andere Eichenexemplare zugrunde geht, sondern infolge einer harten zwischenartlichen Konkurrenz.

Die Forstwirte haben ihre Aufmerksamkeit nicht darauf gerichtet, in welcher Mischung, ob einzeln oder in Gruppen, die Eiche sich mit anderen Arten auf Schlägen befinden wird. Eine Reihe anderer Verfasser hebt hervor, daß die Eiche von anderen Holzarten verdrängt wird.

Tatsachen für das Schwinden der Eichenbestände zugunsten reiner Hainbuchenbestände werden von BONDALJOTOW 1908 für Kamenezsche Eichenwälder des Gouvernements Podolien verzeichnet. „Vor 60—80 Jahren bestanden alle Reviere des Forstamtes Kamenez aus sehr guten Eichenbeständen mit geringer Beimischung von Hainbuche. Reine Hainbuchenbestände waren aber überhaupt nicht vorhanden. Zur Zeit nehmen überall die Hainbuchenbestände mehr als die Hälfte der Fläche ein." Daß hier tatsächlich früher überall Eiche vorherrschte, wird sowohl durch die Angaben aus dem Archiv des Forstamtes als auch durch die Namen einiger Forstorte, wie: „Schiffswald (Korabelnaja roschtscha)", „Herrschaftlicher Eichenwald (Panskaja dubina)", u. a. bekräftigt.

Das Fehlen von Eichenjungwuchs unter dem Schirm reifer Bestände sowie deren schlechte Verjüngung auf Schlägen berechtigten, ausschließlich in einem Lichtbedürfnis der Eiche die Ursache für diese Erscheinung zu sehen. So wies z. B. D. M. KRAWTSCHINSKI darauf hin, daß die Eiche bereits von ihren ersten Lebensjahren an gegenüber Beschattung sehr empfindlich ist. Unter einem dichten Bestandesschirm verschwinden junge Keimlinge im Laufe weniger Jahre vollständig. Selbst eine schwache Seitenbeschattung vertragen Eichenpflanzen in der Jugend nur bei äußerst günstigen Bodenverhältnissen.

Indem Akad. S. J. KORSNINSKI die Frage der Wechselbeziehungen zwischen der Eiche und der Fichte analysierte, entschied er das Schicksal der Eiche (wie nachfolgende Untersuchungen gezeigt haben — fälschlich) zugunsten der Fichte auf Grund folgender Thesen: „Die Eiche ist eine äußerst lichtbedürftige Holzart, die sich bei einer Beschattung keinesfalls entwickeln kann. Sogar ihre Keimlinge verschwinden unter einem Schirm von Holzarten bereits nach zwei bis drei Jahren", und daß „die Eiche sich mittels Naturverjüngung aus Samen äußerst schwer verjüngt — ist eine allgemein bekannte Tatsache." Das ergibt sich aus der Natur der Eiche als feststehend.

Diese kategorischen Thesen gerieten in der folgenden Zeit durch Arbeiten G. F. MOROSOWS und A. A. CHITROWOS ins Schwanken. — CHITROWO untersuchte und studierte die Verjüngung der Eichenwälder in verschiedenen naturgeschichtlichen Gebieten des europäischen Teiles der Union. Auf Grund seiner Untersuchungen kommt A. A. CHITROWO zu dem Schluß, daß als Ursache für das Fehlen oder Absterben des Eichenjungwuchses nicht etwa sein vielleicht unzulänglich geklärtes Lichtbedürfnis, sondern irgendein anderer, außerhalb der Biologie der Eiche liegender Faktor in Frage zu kommen scheint.

Als ein solcher Faktor erscheint nach Ansicht CHITROWOS der Eingriff des Menschen. Als Beweis für die von ihm geäußerte Ansicht führt er an, daß früher im Laufe vieler Jahrhunderte die Verjüngung erfolgreich verlief und eine Vorherrschaft der Eiche beim Wechsel der Generationen gewährleistete. Von einer Einwirkung oder gar Hilfe seitens des Menschen konnte in dieser Zeit keine Rede sein.

CHITROWO bemerkt mit Recht, daß, solange Einwirkungen seitens des Menschen unterblieben, Eichenwälder bestanden, bei Eingriffen aber unter den Bedingungen einer anarchistisch-kapitalistischen Produktion diese verschwinden. In der Natur verjüngte sich die Eiche horst- und gruppenweise. Der Mensch greift aber, ausgehend von der alten biologischen Wissenschaft, die eine innerartliche Konkurrenz anerkennt und eine zwischenartliche ablehnt, dergestalt ein, daß er eine gleichmäßige Verteilung einzelner Eichenpflanzen auf dem ganzen Schlage und keine horst- oder gruppenweise Verteilung anstrebt. Bei einer gruppen- und nesterweisen Verteilung der Eichen kämpfen diese erfolgreicher gegen die Grasvegetation und andere schnellwachsende Holzarten. Bei einer Einzelmischung ist eine wiederholte Pflege erforderlich, die aber die Eiche vor Verdämmung durch andere Holzarten und Gras auch nicht rettet. Einzelne Jungeichen, wie im Gartenbau, jährlich zu pflegen, ist aber praktisch unmöglich.

Bei der Untersuchung der Frage nach der Menge des Eichenaufschlags in verschiedenen Waldtypen unter einem Schirm verschiedenen Schlußgrades kommt CHITROWO zu dem Schluß, daß die Menge des Jungwuchses vollkommen ausreichte, wenn er während seiner Weiterentwicklung eine günstige Umwelt fände.

G. A. KORNAKOWSKI versuchte durch ein besonderes Hiebssystem im Tellermanow-Wald den unter Schirm vorhandenen Aufschlag zu verwenden. Die KORNAKOWSKIschen Hiebe haben aber keine Verbreitung gefunden.

KORNAKOWSKI hat sein Hiebssystem richtig vorgeschlagen, hat aber die inner- und zwischenartlichen Beziehungen der Eiche nicht richtig berücksichtigt. Er war bestrebt, unter dem Schirm und auf dem Schlage eine gleichmäßige Verteilung einzelner Jungeichen, die sich aber in Einzelmischung mit einer anderen Art oder anderen Arten befanden, auf der ganzen Fläche zu erreichen. Dabei werden aber die Jungeichen viel leichter durch ihre Konkurrenten verdämmt.

Professor N. SCHOLZ, Aschersleben, schlug im Jahre 1908 vor, zur Verjüngung der Eichenwälder der Waldsteppenzone eine kombinierte Vorverjüngung, d. h. eine natürliche in Verbindung mit einer künstlichen Verjüngung (Eichelaussaat), anzuwenden.

Als Hiebsart empfiehlt N. SCHOLZ den Schirmschlag gleichzeitig in allen „Etagen" des Bestandes, um auf Schlägen günstige Voraussetzungen für das Keimen der Samen und das weitere Wachstum der Keimlinge zu schaffen.

S. G. WRONSKI berichtet, daß im Forstamt Korabelnoje (Gebiet Shitomir) alle natürlichen Bedingungen für ein Gedeihen tadelloser Eichenwälder gegeben sind. Erhalten haben sich jedoch nur Erzählungen von berühmten Eichenwäldern. Nach Ergebnissen der Betriebsregelung 1904—1906 entfallen von der Gesamtfläche des 9421 Deßjatinen großen Reviers auf Bestände mit vorherrschender Eiche nur etwa 200 Deßjatinen oder 21 %.

WRONSKI berichtet vom Schaden der Mäuse, die alle Eichelsaaten vernichten.

B. GUSOWSKI führte 1913 die schlechte Verjüngung der Eichenwälder Kasans auf die fehlende Jungwuchspflege zurück. Er macht Angaben über die Widerstandsfähigkeit des Aufschlags unter Schirm und folgert, daß dieser unter dem Bestandesschirm um so widerstandsfähiger ist, je fruchtbarer der Boden.

Zum Studium der Naturverjüngung der Eichenwälder bei verschiedenen Hiebssystemen wurden von A. B. SHUKOW im Krasno-Trostjanezschen Versuchsforstamt im Jahre 1926 Versuchshiebe durchgeführt: nach dem Verfahren von KORNAKOWSKI, Schirmschläge mit zwei und drei Hiebsphasen, Gruppen-Plenterhiebe sowie schmale und breite Kahlschläge. Diese Untersuchungen währten mit Unterbrechungen bis 1945. A. B. SHUKOW kommt zu dem Schluß, daß sämtliche in der Trostjanezschen Leschose angewandten Hiebsverfahren eine Eichenverjüngung bei rechtzeitiger Freistellung des Aufschlags auf dem Schlage gewährleisten konnten.

Bei Besichtigung der Gruppen-Plenterhiebe 1936 fand SHUKOW, daß von allen in der Trostjanezschen Leschose durchgeführten Versuchshieben Gruppen-Plenterhiebe die erfolgreichsten sind.

Sämtliche erfolgreichen Naturverjüngungen, aus denen gute Eichenbestände hervorgegangen sind, können hauptsächlich darauf zurückgeführt werden, daß Praktiker, die den Wald gut kennen, bewußt oder unbewußt die falschen Empfehlungen vom Bestehen einer innerartlichen Konkurrenz nicht beachteten.

Eine der interessantesten Arbeiten im Zusammenhang mit dem Studium der Naturverjüngung der Eichenwälder aus Samen ist die von S. S. PJATNIZKI 1933 in Höhen-Eichenwäldern am Don durchgeführte Untersuchung.

Zur Bewertung des qualitativen Zustands des Aufschlags arbeitete PJATNIZKI eine Typenklassifikation des Eichenaufschlags aus. Den gesamten Aufschlag teilt er in zwei große Gruppen ein: in Aufschlag „generativer" Herkunft, bei dem der oberirdische Teil aus dem Keimpunkt entstanden ist, und in „Ausschlag", bei dem der oberirdische Teil sekundärer Herkunft aus dem Adventivpunkt am Wurzelhals des Aufschlags ist. Jede Gruppe gliedert PJATNIZKI in eine Reihe von Typen, je nach dem Entwicklungscharakter des betreffenden Jahrestriebes (ob aus der End- oder Seitenknospe, dem Haupt- oder Seitentrieb usw.). Jedem Aufschlagtyp entspricht ein bestimmter Unterdrückungsgrad. So weist z. B. die Entwicklung des Triebes aus der Endknospe auf einen guten Zustand des Aufschlags hin.

Die PJATNIZKIsche Klassifikation enthält 14 Aufschlagtypen. Bei einiger Vereinfachung kann diese in der Praxis für die Bewertung des Zustandes des Aufschlags und für die Festlegung wirtschaftlicher Maßnahmen Anwendung finden.

A. B. SHUKOW hat die PJATNIZKIsche Klassifikation zwecks praktischer Anwendung folgendermaßen abgeändert:

Aufschlag der I. Klasse — der jeweilige Trieb entwickelt sich jedesmal aus der Endknospe. Dabei bleibt unberücksichtigt, ob der erste Trieb (wenn er der einzige ist) aus der Keimknospe oder aus der Adventivknospe am Wurzelhals entstanden ist.

Aufschlag III. Klasse — der jeweilige Trieb geht jedesmal aus der Seitenknospe hervor. Die Endknospe stirbt ab. Der Trieb kann sich aus der Seitenknospe des Hauptstengels oder des Seitentriebes entwickeln.

II. Zwischenklasse des Aufschlags — der jeweilige Trieb entwickelt sich aus der Endknospe des Seitentriebes.

Vom Standpunkt der wirtschaftlichen Bewertung aus betrachtet (unter der Voraussetzung, daß der Aufschlag sich ohne mechanische Beschädigungen entwickelt), läßt der Aufschlag der I. Klasse keine Bedenken über sein Schicksal aufkommen, da die Entwicklung des Jahrestriebes aus der Endknospe auf gute Wuchsverhältnisse schließen läßt.

Das Vorhandensein von Aufschlag der III. Klasse mit einer beständig absterbenden Endknospe und einer Bildung des Jahrestriebes aus Seitenknospen zeugt von einer Verschlechterung der Umweltverhältnisse und von deren hemmender Auswirkung auf den Aufschlag. Das Vorhandensein einer großen Anzahl von Aufschlag der Klasse III erfordert entsprechende wirtschaftliche Maßnahmen zur Verbesserung der Umweltverhältnisse.

Entsteht Aufschlag der Klasse II, so ist dies ein Zeichen dafür, daß die Umweltverhältnisse sich verbessern, der unterdrückte Aufschlag der Klasse III sich zu erholen beginnt und in die Klasse II übergeht.

In einzelnen Fällen kann der Aufschlag dieses oder jenes Entwicklungstyps, ohne genaue Feststellung der Ursachen, die dessen Aufgliederung nach Typen hervorgerufen haben, zweifellos zu einer falschen Vorstellung vom Einfluß der Umweltfaktoren führen. Daher ist bei einer Anwendung der Klassifikation stets erforderlich, die Ursachen zu ermitteln, die die Entwicklung des Aufschlags bestimmen.

Um das genaue Alter des Eichenaufschlags zu bestimmen, hat PJATNIZKI eine große Anzahl von Schnittflächen mikroskopisch untersucht und festgestellt, daß auf diesen keine Jahresringe zu finden sind. Das Holz erwies sich als nicht differenziert, von völlig einheitlichem Bau. Lediglich stellenweise waren verstreut unregelmäßige, grobe Gefäße zu erkennen.

S. S. PJATNIZKI hat die Untersuchungsergebnisse A. A. JUNIZKIS (1927) über den Befall gestummelter Eichen durch Fäule bekräftigt. Darüber hinaus aber stellte er fest, daß sogar zwei- bis dreijährige Jungeichen bis zu 30 % von Fäule befallen sind. Das Ausmaß des Befalls des Aufschlags steigt mit dem Grad seiner Unterdrückung.

PJATNIZKI hat weiter festgestellt, daß optimale Entwicklungsverhältnisse für eine natürliche Ansamung sämtlicher Holzarten, darunter auch der Eiche, bei einer Beschirmung von 0,6 bis 0,7 gegeben sind.

Diese Schlußfolgerung PJATNIZKIS bekräftigt die Beobachtungen SEDASCHEWS (1906) für die Eichenwälder Podoliens und WOLOSHENZEWS (1912) im Forstamt Uljanowsk des Gebietes Woronesh, die ebenfalls festgestellt haben, daß bei einem Schlußgrad von 0,6 optimale Verhältnisse für die Entwicklung des Aufschlags gegeben sind.

A. B. SHUKOW erwähnt, daß für Eichenwälder am Don, die im Bereich der südlichen Waldsteppe liegen, sich bei der Verteilung der natürlichen Ansamung verschiedene Holzarten in Abhängigkeit vom Relief (Steigerung der Esche auf dem Plateau und der Eiche in niedrigeren Lagen) der gleiche Zusammenhang bemerkbar macht wie in Eichenwäldern von Trostjanez, die in der nördlichen Waldsteppe liegen.

Bei Untersuchung der Naturverjüngung unter dem Bestandesschirm verschiedener Standortstypen folgert S. S. PJATNIZKI, daß in frischen Eichenwaldtypen deren Verjüngung sogar beim Kahlschlagsystem durchaus gewährleistet ist.

Er hebt hervor, daß die Esche auf Schlägen nur als Vorverjüngung entsteht und sich besser erhält, wenn sie gruppenweise verteilt ist. PJATNIZKI ist mit dem Leben des Waldes gut vertraut und hat daher, bezüglich der Esche, richtige praktische Vorschläge machen können.

W. E. SCHMIDT, der 1938 die Verjüngung der Eiche in Tschernolesje untersuchte, ist zu den folgenden wesentlichsten Schlußfolgerungen gekommen:

1. Ein Kahlschlag wirkt sich in der südlichen Waldsteppe negativ auf die Waldverjüngung aus.

2. Im Laubwald verjüngt sich die Eiche zufriedenstellend nur im Typ D_3 — feuchter Eichenwald, wo günstige Feuchtigkeitsverhältnisse und eine Überwinterung der Eicheln unter einer hohen Schneedecke dazu beitragen. Besonders viel Eichenaufschlag findet sich in der Sohle der Schluchten und auch nur in Form von Kümmerlingen mit nicht über zwei Jahre alten Trieben. Auf der Hochebene ist Eichenaufschlag am häufigsten an Wegen und Gestellen anzutreffen, dabei ausnahmslos inmitten von Unterholz.

3. Eichenaufschlag von wirtschaftlicher Bedeutung in ausreichender Menge bildet sich erst nach einem Mastjahr.

4. An offenen Stellen frieren Eicheln, die nicht von einer hohen Laub- und Schneeschicht bedeckt sind, im Winter aus. Daher kann, nach der Ansicht SCHMIDTS, eine Erhaltung der Eicheln und folglich auch eine Bildung von Aufschlag am häufigsten in Waldsäumen aus Sträuchern, in Senken der Hochebene und in Sohlen der Schluchten beobachtet werden, wo die Laub- und Schneedecke am stärksten ist.

W. E. SCHMIDT schlägt für den Eichen-Laubwald allmähliche Eingriffe mit zwei bis drei Hiebsphasen vor. Zweiphasige Hiebe empfiehlt er für feuchte, dreiphasige für frische Abarten der Hainbuchen-Eichenwälder.

Die von SCHMIDT vorgeschlagene Hiebstechnik der allmählichen Eingriffe ist von niemandem, auch nicht einmal versuchsweise, erprobt worden. Die vom Forstamtsleiter TSCHISHOW und A. SOBOLEW in Tschernolesje durchgeführten Schirmschläge haben im Vergleich zu Kahlschlägen zu keinen positiven Ergebnissen geführt. Der Vorschlag SCHMIDTS bedarf also noch einer versuchsweisen Überprüfung in den Betrieben, da der Erfolg der allmählichen Eingriffe noch nicht erwiesen ist.

W. E. SCHMIDT empfiehlt, den allmählichen Eingriff mit einer Bodenauflockerung, einem Zusammenrechen des Fallaubs, einem Voranbau der Eiche und einem Unterbau von wertvollen Exoten zu verbinden, wobei sich der Verjüngungszeitraum nach seiner Empfehlung im Typ D_2 auf 10 und mehr Jahre ausdehnt und von einer zwei- oder dreimaligen Aussaat von Eicheln oder Pflanzung sowie von Freistellung und Pflege des Anwuchses usw. begleitet ist.

Zu bemerken ist, daß der Gedanke ähnlicher Hiebe für die Wälder von Tula von A. SOBOLEW schon 1903 ausgesprochen wurde. Dabei wurde von ihm empfohlen, 3—4 Jahre auf das Erscheinen eines Eichenaufschlags zu warten, bei seinem Ausbleiben eine Saat oder Pflanzung der Eiche durchzuführen und dann den Hieb in vorgesehener Ordnung weiterzuführen.

Allmähliche Eingriffe gewährleisten eine gleichmäßige Bildung von Eichenaufschlag auf der ganzen Fläche, und auf Schlägen erscheint die Eiche in einer Einzelmischung. Nach der „erdachten" Theorie des innerartlichen Kampfes befand sich die Eiche scheinbar in günstigen Umweltbedingungen. Die Jungeichen standen in einer ausreichenden Entfernung voneinander, um sich nicht gegenseitig zu behindern, damit kein Kampf und keine Konkurrenz unter ihnen entsteht. Die jungen Eichen waren sozusagen unter den Schutz anderer Holzarten — wie Ahorn, Esche, Ausschlaglinde, Haselnuß u. a. — gestellt. Diese Holzarten stellen aber, wie T. D. LYSSENKO schreibt, „bei einem geringen Abstand von vereinzelten Eichen keinen Schutz, sondern erbitterte Konkurrenten und Unterdrücker für diese dar. Vereinzelte Eichenkeimlinge unter den Schutz, sagen wir der Esche, zu stellen, ist fast das gleiche, wie Hühner dem Schutz des Fuchses anzuvertrauen."

Ein wissenschaftliches Interesse bieten von J. D. JURKEWITSCH in Eichenwäldern der Bjelorussischen SSR (BSSR) durchgeführte Untersuchungen. Er hat diese in Fichten-Hainbuchen- und Hainbuchen- (ohne Fichte-) Eichenwäldern des zentralen und südlichen Teiles der BSSR angestellt. Im Stützpunkt Shornowsk im Laufe von 11 Jahren vorgenommene Beobachtungen (JURKEWITSCH und TSCHERWJAKOW, 1938) zeigen, daß sich das Fruchten der Eiche in Wäldern der BSSR durch einige Besonderheiten vom Fruchten in anderen Wuchsgebieten unterscheidet. Die durchschnittliche Periodizität der Mastjahre schwankt zwischen 2—4 Jahren. Die Durchschnittsernte beträgt nach der Sechs-Noten-Skala von W. G. KAPPER 2,4.

Somit sind in der BSSR oft wiederkehrende Mastjahre zu verzeichnen. Interessant ist zu bemerken, daß ausgiebige und gute Mastjahre unmittelbar aufeinander folgen. Danach kommen 2—3 Jahre mit schwacher Mast oder vollkommen mastlose Jahre. Auf diese folgen wieder zwei ausgiebige und gute Mastjahre.

JURKEWITSCH schließt, daß ein Bestandesschluß von 0,6 am günstigsten für die Eichenverjüngung ist.

A. B. SHUKOW ist der Ansicht, daß JURKEWITSCH wie auch PJATNIZKI, SEDASCHEW, WOLOSHENZEW u. a. die Voraussetzungen für die Erhaltung des unter dem Bestandesschirm entstandenen Jungwuchses (Schlußgrad des Schirmes) mit Voraussetzungen seines Entstehens identifizieren.

Auf Kahlschlägen erwies sich der Verjüngungszustand der Eiche nach Untersuchungen von JURKEWITSCH als unbefriedigend. Die Ursachen dafür sieht er in einer Reihe von Faktoren, wie Waldweide, Verzögerung des Holzeinschlags und der Holzabfuhr, das Fehlen einer Schlagräumung oder eine falsche Räumung der Schläge und krasse Veränderungen der Umwelt des Jungwuchses nach dem Einschlag. Trotzdem kommt er zu der Schlußfolgerung, daß Kahlschläge, beim Einhalten bestimmter Voraussetzungen, eine Naturverjüngung der Schläge gewährleisten können.

JURKEWITSCH macht in seiner Arbeit sehr bezeichnende Angaben über den Einfluß der Waldweide auf die Erhaltung des Eichenaufschlags unter dem Bestandesschirm. Wenn die Menge des Eichenaufschlags unter dem Bestandesschirm bei schwacher Waldweide mit 100 % angenommen wird, so beträgt sie bei mäßiger Waldweide 46,7 % und bei starker 12,17 %.

JURKEWITSCH zieht viele Faktoren in Betracht, berücksichtigt aber nicht, in welcher Mischung — Einzel- oder Gruppenmischung — die Jungeichen sich auf Schlägen befinden. Er unterschätzt die Bedeutung der zwischenartlichen Beziehungen der Eiche.

A. W. TJURIN untersuchte 1920 den Zustand des Schipow-Waldes (Gebiet Woronesh) und dessen Verjüngungsfrage. Dabei hebt er folgendes hervor: „Wenn z. B. die Natur des Eschenjungwuchses und die Voraussetzungen für seine Bildung als bekannt betrachtet werden können, so kann dasselbe nicht von der Sameneiche gesagt werden. Daher kommt beim Anblick des zahlreichen Eschenjungwuchses unwillkürlich der Gedanke, daß die Möglichkeit für die Bildung eines ebenso zahlreichen Eichenjungwuchses geschaffen werden könnte, wenn die Art seines Entstehens bekannt wäre."

Die im Schipow-Wald von G. G. JUNASCH durchgeführte Arbeit erscheint gerade in gewissem Sinne als Versuch, die „Art des Entstehens" der Eiche im Schipow-Wald zu begreifen. Auf Grund neunjähriger Untersuchungen und Beobachtungen zieht er folgende Schlüsse:

1. Die besten Voraussetzungen für die Bildung von Eichenaufschlag sind in Beständen normaler Struktur des Schipow-Waldes gegeben. Eine Lichtstellung der Bestände einiger Jahre vor Eintritt des Mastjahres verschlechtert die Voraussetzungen und erscheint als eine vollkommen unzweckmäßige Maßnahme. Der in den aller 8—10 Jahre wiederkehrenden Mastjahren sich zahlreich bildende Aufschlag geht unter natürlichen Verhältnissen unter Schirm nach 2 Jahren zugrunde. Bei diesen Bedingungen können Kahlschläge eine zufriedenstellende Verjüngung aus Samen nur im Laufe eines Jahres nach dem Mastjahr gewährleisten.

2. Ein Aushieb des Unterholzes und des Unterstandes im Jahre des Samenabfalls fördert die Erhaltung des Jungwuchses. Unter dieser Voraussetzung geben Kahlhiebe im Laufe von 4 Jahren nach der Mast befriedigende Ergebnisse.

3. In zwei und drei Hiebsphasen durchgeführte Schirmschläge gewährleisten, wenn das Unterholz und der Unterstand im Mastjahr ausgeschlagen werden, im Zeitraum zwischen den Mastjahren (8—10 Jahre) eine befriedigende Verjüngung aus Samen.

4. Bei dreiphasigen Hieben muß das Auslichten des Schirmes gleichmäßig auf der ganzen Fläche so erfolgen, daß in der ersten Hiebsphase ein Drittel des Vorrats, in der zweiten aber die Hälfte des verbliebenen Teiles entnommen wird. Dabei ist darauf zu achten, daß jedesmal gleichviel Holz eingeschlagen wird. Der Verjüngungserfolg hängt vom Zeitpunkt des ersten Hiebes ab, der nicht später als nach einem, spätestens aber 2 Jahre nach der Bildung des Aufschlags durchzuführen ist. Ein Einhalten dieser Forderung gibt die Möglichkeit, den Zeitpunkt der nachfolgenden Hiebe in Grenzen von 2 bis 5 Jahren zu variieren, da in diesem Falle ein für die Verjüngung ausreichender Jungwuchs für den ganzen Zeitraum zwischen den Mastjahren sichergestellt wird.

5. Bei zweiphasigen Hieben ist erforderlich, beim ersten Hieb die Hälfte des vorhandenen Bestandesvorrates zu entnehmen. Dabei sind sowohl im Hinblick

auf die flächenmäßige Verteilung der zu entnehmenden Stämme als auch auf die Holzmenge die gleichen Richtlinien wie bei dreiphasigen Hieben einzuhalten.

Der erste Hieb erweist sich ebenso wirkungsvoll, wenn er in einem beliebigen Jahre im Laufe der ersten drei Jahre nach dem Entstehen des Aufschlags durchgeführt wird. Der zweite Hieb, durch den der Jungwuchs auf dem Schlage freigestellt wird, ist am besten im sechsten Jahre durchzuführen. Bei 50 %igen Hieben ist erforderlich, den Jungwuchs schon im zweiten Jahre nach dem ersten Hiebe auszulichten. Ohne diese Maßnahme hat das angewendete Schirmschlagverfahren dreiphasigen Hieben gegenüber keine Vorzüge.

6. Das Auslichten des Jungwuchses erscheint bei der Durchführung von Schirmschlägen als wichtigste Maßnahme, die weitgehend zu dessen Erhaltung in der Zeit zwischen den Mastjahren beiträgt. Dies ist in gleichem Maße wie bei Kahlschlägen erforderlich.

Bei dreiphasigen Hieben muß mit dem Auslichten nach 3—4, bei zweiphasigen nach 2—3 Jahren nach dem ersten Hieb begonnen werden. Das Auslichten wird weiterhin in gleichen Zeiträumen — jedoch mit verschiedenem Intensitätsgrad — wiederholt.

Bei der Durchführung der ersten zwei Auslichtungen ist bei sämtlichen Hiebsarten erforderlich, den gesamten Ausschlag der Holzarten der ersten und zweiten Bestandesschicht auszuhauen, aus dem Unterholz aber Ausschlag der Haselnuß und des Feldahorns zu entfernen, sobald dieser auch nur im entferntesten die Eiche beschattet.

G. G. Junasch hat ebenso wie Morosow richtig darauf hingewiesen, daß für die Bildung eines Eichenaufschlags andere Voraussetzungen als für dessen Entwicklung erforderlich sind. Junasch hat aber die Bedeutung der zwischenartlichen Beziehungen unterschätzt und nicht in Betracht gezogen, wie die jungen Eichen auf dem Schlage wachsen werden, ob in Gruppen, in Nestern oder vereinzelt inmitten der stark mit ihnen konkurrierenden Holzarten, wie Linde, Haselnuß, Esche und insbesondere Aspe und Birke.

Junasch empfahl, den Bestand gleichmäßig aufzulockern, um eine gleichmäßige Verteilung des Aufschlags auf der ganzen Fläche zu erzielen. Im Falle andere Holzarten die Eiche unterdrücken, ist ein Auslichten, d. h. die Folgen einer zwischenartlichen Konkurrenz zu beseitigen, erforderlich.

In gleicher Weise unterschätzt auch S. N. Krasnopolski das Fehlen eines innerartlichen und das Bestehen eines zwischenartlichen Kampfes und einer gegenseitigen Hilfe.

Wir wollen die von S. N. Krasnopolski (1926, 1928) im Zusammenhang mit der Verjüngungsfrage der Eiche im Schipow- und Tellermanow-Wald aufgestellten wichtigsten Punkte einer kurzen Betrachtung unterziehen.

KRASNOPOLSKI beanstandet in scharfer Form die Anwendung von Kahlschlägen und stellt die Methode der dreiphasigen Schirmschläge in den Vordergrund. Als wesentlichste Besonderheit der von ihm empfohlenen Schläge erscheint der Aushieb des Unterholzes schon im Stadium der Durchforstungshiebe sowie dessen ständige Bekämpfung in allen Hiebsstadien. Darin sieht KRASNOPOLSKI die Voraussetzung für eine erfolgreiche Besamung der Eichenwälder.

Für den Tellermanow-Wald schlägt KRASNOPOLSKI kein bestimmtes Hiebssystem vor. Er stellt aber fest, daß eine Verjüngung aus Samen besser beim Fehlen einer zweiten und dritten Schicht, d. h. bei einer einfachen Bestandesstruktur erfolgt und empfiehlt daher einen Aushieb des Unterholzes und eine Mineralisierung des Bodens.

Zu bemerken ist, daß die Schlußfolgerungen S. N. KRASNOPOLSKIS hinsichtlich Rolle und Bedeutung der Umwelt für die Bildung des Eichenaufschlags nicht richtig sind. Die Geschichte der Entstehung von Selbstansamung im Schipow-Wald ist von ihm falsch dargestellt worden.

Wir verweilen nun kurz bei der Bedeutung des Fruchtens für die Verjüngung der Eichenwälder.

Als Ausgangspunkt, der die Möglichkeit einer Naturverjüngung der Eichenwälder aus Samen bestimmt, erscheint das Fruchten, und zwar dessen Periodizität.

Im europäischen Teil der Union ist die Periodizität ausgiebiger Eichelernten äußerst unterschiedlich und schwankt zwischen 2—10 Jahren. Am häufigsten scheinen Mastjahre alle 6—7 Jahre vorzukommen.

Das Gesamtbild der Periodizität des Fruchtens der Eiche spricht dafür, daß mit einer Naturverjüngung der zum Einschlag gelangenden Bestände aus Samen nicht immer gerechnet werden kann. Erforderlich ist, einerseits Sprengmasten auszunutzen, andererseits für längere Zeit Maßnahmen zur Erhaltung des unter dem Bestandesschirm entstandenen Aufschlags zu ergreifen. Ein reichliches Fruchten der Eiche muß nicht immer eine zufriedenstellende Besamung der Fläche gewährleisten.

In der Literatur finden sich viele Hinweise, daß Eicheln vom Eichelrüßler (Balaninus glandium Marsh), vom Eichelwickler (Carpocapsa splendana Hb) und von Pilzkrankheiten befallen werden. Ein Befall der Eicheln durch den Rüsselkäfer hat einen geringeren Verjüngungserfolg der Eiche zur Folge.

PJATNITZKI bemerkt, daß in Eichenwäldern von Tschugujew der Prozentsatz der befallenen Eicheln 1933 53—65 betrug, wobei der Hauptanteil auf den Eichelrüßler entfiel. JWANOW berichtet, daß 1926 im Schipow-Wald 96 % der Eicheln vom Rüsselkäfer befallen waren.

Nach Literaturquellen zu urteilen, ist ein massenweiser Befall der Eicheln hauptsächlich in der Zone der zentralen Waldsteppe verbreitet und tritt meistens in trockenen und frischen Abarten der Ahorn-Linden-Eichenwälder auf.

Ein zweiter Faktor, der sich auf die Naturverjüngung der Eichenwälder nachteilig auswirkt, sind Mäuse. Mäuse vernichten die abgefallenen und auf der Erde liegenden Eicheln, vertilgen in aufgelockerte Streifen ausgesäte Eicheln, bisweilen auch junge Eichenkeimlinge, wenn sich an diesen noch Keimblätter erhalten haben. Der von Mäusen hervorgerufene Schaden ist so bedeutend, daß in vielen Fällen auf eine Aussaat von Eicheln unter dem Bestandesschirm und auf Schlägen verzichtet werden muß.

In der Literatur finden sich viele Hinweise auf die schädliche Wirkung der Mäuse (WRONSKI, PERSCHAKOW, GOLOSSOW u. a.).

G. G. JUNASCH, der die Menge des auf 1 ha gebildeten Aufschlags beim Fehlen von Mäusen und bei deren Massenvermehrung ermittelte, macht folgende Angaben:

Tabelle 1

Aufschlagmenge pro Hektar

	Beim Fehlen von Mäusen	Bei massenweisem Auftreten
Schlechte Ernte	280	138
Schwache Ernte	1 880	920
Mittlere Ernte	9 870	4 830
Ausgiebige Ernte . . .	108 600	52 900

GOLOSSOW (1938), der Verfahren zum Schutz der Eichelsaaten vor Vernichtung durch Mäuse in den Verhauen von Tula [1]) untersuchte und Petroleum, Salpetersäure, mangansaures Kalium, Tabakwasser, Karbolsäure, Lysol, Terpentin und Naphthalin anwandte, hat gefunden, daß keines dieser angewandten Mittel den Schutz der Eicheln gewährleistet.

GOLOSSOW ist im Gegensatz zu PERSCHAKOW, der die Anwendung von stark riechenden und klebrigen Stoffen zum Schutz der Eicheln gegen Mäuse empfahl, der Ansicht, daß es besser ist, unnütze Mühe und Mittel zu sparen, weil diese Stoffe doch zu keinen positiven Ergebnissen führen.

1) Anmerkung des Übersetzers:
„Tulskije sasseki" = „Verhaue von Tula" — südlich der Stadt Tula an der Steppengrenze gelegene Eichenwälder, die zur Zeit der Tatareneinfälle zum Schutz vor anstürmenden tatarischen Reiterhorden eingeschlagen wurden und als Verhaue dienten. In der Übersetzung sind „Tulskije sasseki" mit „Verhaue von Tula" übersetzt.

Die Verjüngung der Eiche hängt in vielem von ihrer Fähigkeit ab, sich unter dem Bestandesschirm unversehrt zu erhalten. Entsprechende Untersuchungen haben gezeigt, daß das Vermögen des Eichenaufschlags, unter dem Bestandesschirm zu bestehen, unterschiedlich ist.

In Eichenwäldern von Kasan verbleiben in 7—8 Jahren nach der Bildung des Aufschlags unter dem Bestandesschirm 7—13 % der Jungpflanzen (GUSOWSKI). Nach SCHEF verwandelt sich der in Eichenwäldern von Kasan unter dem Schirm entstehende Aufschlag vom 3. bis 4. Lebensjahre an in Kümmerlinge. Im Gebiet von Moskau (Malinowsk) ist Eichenaufschlag unter Schirm in ausreichender Menge bis zu einem sechsjährigen Alter anzutreffen.

In Eichenwäldern von Rjasan und Tula (MOROSOW) kann sich der Eichenaufschlag 5—6 Jahre halten. Für den Schipow-Wald berichtet JUNASCH, daß im dritten Jahr nach der Bildung eines Aufschlags unter dem Bestandesschirm von Hieben unberührter Wälder nur ein Viertel des Jungwuchses erhalten bleibt, während in einem Bestand ohne Unterholz und Unterstand die Hälfte der anfänglichen Menge sich erhält. Vom vierten Jahre an tritt eine Stabilisierung ein, die bis zum siebenten Jahr anhält. Danach erfolgt wiederum ein massenweiser Ausfall des unter dem Schirm eines unberührten Bestandes befindlichen Jungwuchses, von dem dann bis zum neunjährigen Alter 95 % zugrunde gehen.

Nach Untersuchungen von PJATNIZKI in Eichenwäldern von Tschugujew kann die Lebensdauer einzelner Exemplare des Aufschlags unter dem Bestandesschirm 7—8 Jahre währen.

Nach Untersuchungen der Versuchsstation Trostjanez (SHUKOW, SCHEWTSCHENKOW) schwankt die Lebensdauer des Aufschlags unter dem Schirm geschlossener Bestände zwischen 2—4 Jahren. Im ersten Lebensjahr stirbt meistens bis 78 % des ganzen Aufschlags ab, bis zum zweiten Jahr 84 % und bis zum dritten Jahr 98 %. Sogar bei einer Auflockerung des Schirmes durch zweiphasige Schirmschläge stirbt bis zum vierten Jahre 58 % des Eichenaufschlags ab.

Nach Untersuchungen W. W. POPOWS in Eichenwäldern der Verhaue von Tula erreicht der Eichenaufschlag unter dem Bestandesschirm bei Vorhandensein eines Unterholzes eine Lebensdauer von 15 Jahren in Form von Kümmerlingen, die sich nach dem Einschlag erholen.

Im Ukrainischen Polesien (SCHMIDT, W. E.) ist ein über drei Jahre alter Eichenjungwuchs nur in größeren Lücken anzutreffen.

Die gemachten Angaben sprechen dafür, daß die durchschnittliche Lebensdauer des Eichenaufschlags unter dem Schirm eines geschlossenen Bestandes 7—8 Jahre nicht übersteigt. Nur A. A. JUNIZKI (1927) berichtet von einer Fähigkeit der Eiche, unter dem Bestandesschirm in Form von Kümmerlingen über ein Vierteljahrhundert vegetieren zu können.

Auf Kahlschlägen wird die Naturverjüngung der Eiche hauptsächlich vom Bestand und der Art der Verteilung des Aufschlags und der Kümmerlinge bestimmt, die sich unter dem Schirm des eingeschlagenen Bestandes befanden.

Eine ergänzende Besamung des Schlags durch abfallende Eicheln angrenzender Bestände kann, wenn eine solche auch erfolgt, nur in begrenztem Umfang auf frischen Schlägen und auf einem verhältnismäßig schmalen Streifen an Waldsäumen stattfinden. Dabei kann sich der entstehende Aufschlag nur bei einem Auslichten erhalten.

Wenn Eicheln auf einen Schlag fallen, der bereits stark mit Ausschlag überzogen und vergrast ist, verkümmern in der Regel die jungen Pflanzen, ohne sich richtig zu entwickeln, oder aber die keimenden Eicheln wurzeln nicht an.

Samenbäume auf Schlägen zu belassen, ist, wie die Praxis gezeigt hat, für die Naturverjüngung zwecklos.

Leben, Entwicklung und Bestehen des Eichenjungwuchses auf Kahlschlägen hängen in großem Maße von der Art der Mischung ab — einzeln oder gruppenweise —, in welcher sich dieser inmitten schnellwachsender Holzarten wie Aspe, Birke u. a. befindet. Lediglich bei einer gruppenweisen (nesterweisen) Mischung und einer rechtzeitigen Pflege kann sich die Eiche auf Schlägen halten.

B. Künstliche Verjüngung der Eichenwälder

Wir unterziehen nun die früheren Erfahrungen der künstlichen Eichenanzucht vom Standpunkt des Nichtbestehens einer innerartlichen Konkurrenz und einer gegenseitigen Hilfe und deren Bestehen zwischen den Arten einer kurzen Analyse.

Erfahrungen der künstlichen Eichenanzucht sind mehrfach von verschiedenen Verfassern dargelegt worden und gut bekannt. Eine wissenschaftliche Analyse der künstlichen Anzucht der Eiche, besonders unter Steppenverhältnissen, vom Standpunkt des Nichtbestehens eines innerartlichen Kampfes und einer gegenseitigen Hilfe und eines Bestehens dieser Erscheinungen zwischen den Arten ist in der letzten Zeit von T. D. LYSSENKO, F. N. CHARITONOWITSCH, J. P. PRJACHIN und anderen gegeben worden. Deshalb soll diese Frage nicht ausführlich behandelt werden.

Anfänge der künstlichen Verjüngung der Eiche fallen in die Zeit Peter I. Um die Erhaltung und Erweiterung der Rohstoffbasis für den von ihm begründeten russischen Schiffsbau besorgt, erläßt er — neben Gesetzen über Schiffswälder — Vorschriften für die künstliche Begründung von Eichenwäldern. Erhalten haben sich Hinweise über die Begründung eines Eichenwaldes durch Eichelsaat in der

Nähe der Stadt Taganrog (1696) sowie über Eichenpflanzungen in Wäldern von Kasan. Einen besonderen Aufschwung hat jedoch die künstliche Eichenverjüngung zur Zeit Peter I. nicht erfahren.

Mehr oder weniger planmäßige Arbeiten zur künstlichen Verjüngung in Staatswäldern wurden mit der Bildung des Domänen-Ministeriums, dem auch die Staatswaldungen unterstellt waren, 1838 in Angriff genommen. Die erste Epoche der staatlichen Forstwirtschaft dieses Ministeriums verfolgte jedoch rein fiskalische Ziele – nämlich höchsten Gewinn aus der Forstwirtschaft zu erzielen.

Zur Verbesserung und Entwicklung der Forstwirtschaft verfolgte das Ministerium keinerlei klare und bestimmte Ziele (PONOMAREW, 1901). In dieser Zeit wurden Arbeiten zur künstlichen Verjüngung in den Verhauen von Tula (1840) und in Tschernolesje (1848) begonnen. Im Jahre 1845 erschien eine Instruktion zur Durchführung von Forstkulturarbeiten. Die jährliche Fläche der künstlichen Verjüngung überstieg jedoch in Staatswäldern durchschnittlich nicht 1 bis 2000 ha und betrug nicht mehr als 2 % der Kahlschläge (SUROSCH, 1908).

Im Jahre 1870 trat im Forstdepartement eine Reaktion gegen die forstfiskalischen Ziele ein. Es wurde eine neue Losung – „Forstkulturen" – ausgegeben (PONOMAREW, 1901).

Nach Angaben des Forstdepartements erreichte die jährliche Fläche der Forstkulturen im Jahre 1912 in Staatswäldern 72 000 ha.

Im Vergleich zum gewaltigen Aufschwung, den die Waldbegründung zur Zeit der sowjetischen Forstwirtschaft erfahren hat, stellt das Ausmaß der Forstkulturarbeiten in der Zeit vor der Revolution eine bescheidene Größe dar. So wurden z. B. vor dem Großen Vaterländischen Kriege jährlich 300 000 ha Kulturen begründet.

Wir unterziehen nun einzelne Entwicklungsetappen des forstlichen Kulturwesens, die Ziele und die Aufgaben der künstlichen Waldanzucht, einer Betrachtung.

Die erste Etappe (etwa von 1700 bis 1840) ist durch das Ziel gekennzeichnet, Wald auf waldlosen Flächen künstlich zu begründen, d. h. die Fläche der Eichenwälder zu erweitern. Eichenkulturen wurden vorwiegend durch Aussaat von Eicheln in Pflugstreifen begründet.

Die Periode der Forstkulturarbeiten bis zum Jahre 1840 ist als Periode des Suchens nach Wegen und Methoden zur künstlichen Waldanzucht zu betrachten.

Für die zweite Entwicklungsetappe des forstlichen Kulturwesens (von 1840 bis 1890) ist bemerkenswert, daß in dieser planmäßige Arbeiten zur künstlichen Waldanzucht ihren Anfang nahmen. In dieser Zeit begannen sich Forstkulturarbeiten gleichzeitig im nördlichen Teil der Waldsteppe (Verhaue von Tula, 1840) und im äußersten Süden — in der offenen Steppe im Forstamt Weliko-Anadol (1843) und im Forstamt Brjansk (1846) — zu entwickeln.

Die Verhaue von Tula erschienen infolge ihrer historischen und volkswirtschaftlichen Bedeutung im Laufe fast der ganzen Geschichte der Forstwirtschaft als Gegenstand der Entstehung und Lösung forstwirtschaftlicher Aufgaben.

Langjährige Versuche, Eichenkulturen in den Verhauen von Tula zu begründen, waren mit einer Reihe von Mißerfolgen und Enttäuschungen verbunden. Erst in den achtziger bis neunziger Jahren des vorigen Jahrhunderts wurden von dem Forstamtsleiter A. P. MOLTSCHANOW klassische Verfahren der Korridor-Kultur- und Pflegemethode in Eichenbeständen ausgearbeitet. Diese zeugen von einer Originalität des russischen waldbaulichen Denkens, das sich von falschen Ideen in der westeuropäischen theoretischen und praktischen Waldbegründung frei machte.

In den Verhauen von Tula sind bei einer Gesamtfläche der Staatswälder von etwa 30 000 ha nach Angaben M. M. ORLOWS im Laufe von 50 Jahren (1840—1890) auf einer Fläche von 6477,5 ha Kulturen begründet worden. Davon entfallen auf Saaten 4904,6 ha und auf Pflanzungen 1572,9 ha.

Von 1890 an begann ein neuer Abschnitt in der künstlichen Waldbegründung. Die Korridormethode der Eichenkultur fand eine weite Verbreitung und wurde auch weit über die Grenzen der Verhaue von Tula hinaus angewendet.

Von bekannten Kulturmethoden sind folgende zu erwähnen:

a) Die Korridormethode der Eichenkultur (Forstamtsleiter A. P. MOLTSCHANOW, Verhaue von Tula);

b) Die Methode der dichten Plätzekulturen (W. D. OGIJEWSKI);

c) Die Steppen-Baumschatten-Kulturmethode (Forstamtsleiter DACHNOW, Forstamt Weliko-Anadol);

d) Die Steppen-Baum- und Strauchpflanzmethode (G. N. WYSSOZKI);

e) Eichen-Laubholz-Mischkulturen auf gerodeten Schlägen (Forstamt Trostjanez, M. M. ORLOW) u. a.

Auf die Korridormethode der Eichenkultur wie auch auf die dichten Plätzekulturen werden wir bei der Darstellung unserer Untersuchungen zurückkommen. An dieser Stelle wollen wir nur kurz einige der vorstehend erwähnten Methoden kritisch betrachten. Sämtliche Methoden, mit Ausnahme der OGIJEWSKIschen, weisen im Prinzip keinen Unterschied auf. Bei allen befindet sich die Eiche in Einzelmischung und nicht in Gruppenmischung mit anderen Holzarten.

In den siebziger Jahren des vorigen Jahrhunderts schlug der bekannte Forstwirt F. F. TICHONOW einen Zweiulmentyp für die Waldanpflanzung in der Steppe vor, der später als Dontyp bezeichnet wurde. Bei diesem Typ wurde die Eiche als

Hauptholzart betrachtet und in Mischung mit gemeiner Esche, Spitzahorn und Ulmen (Flatter-, Feld-, Bergulme) gepflanzt. Die Mischung der erwähnten Holzarten erfolgte in den Reihen nach folgendem Schema:

U — U — Ei — U — U — Es — U — U — Ah — U — U usw.,

in diesem bedeutet: U = Ulmenart, Ei = Stieleiche, Es = gemeine Esche und Ah = Spitzahorn.

Der Abstand der Reihen betrug 186 cm (6 Fuß), der Pflanzenabstand in den Reihen 35 cm (1/2 Arschin). Auf einen Hektar wurden 16 800 Pflanzen gepflanzt.

Die Ulmenarten spielten eine Hilfsrolle. Ihre Bestimmung bestand einmal darin, als Treibholz für die Eiche, die gemeine Esche und den Spitzahorn zu dienen und zum anderen, den Kronenschluß nicht nur in den Reihen, sondern auch zwischen den Reihen zu beschleunigen, um Maßnahmen für die Entfernung des Unkrauts sowie die Bodenlockerung zu beschränken und dadurch die Kosten der Steppenaufforstung zu senken. Der Hauptmangel dieses Pflanzungstyps bestand darin, daß die Eiche in der Regel im erbitterten zwischenartlichen Kampf mit Steppengräsern und den Ulmen, der Spitzahorn im zwischenartlichen Kampf mit den Ulmen und infolge Verbiß durch Hasen zugrunde ging. Die Bestände verwandelten sich so in lichte reine Eschenbestände, in denen sich der Boden rasch mit Quecke und anderen Steppenpflanzen bedeckte. Die Esche konnte die Konkurrenz mit der Steppenvegetation nicht bestehen und fiel aus oder fristete ein kümmerliches Dasein.

J. Lehmann, ein erfahrener und aufmerksamer, praktischer Forstwirt, der 25 Jahre in der Steppenaufforstung arbeitete, bemerkt vollkommen richtig, daß keinerlei spezielle Maßnahmen, wie z. B. Auslichtungen, imstande sind, eine Eichenkultur zu sichern, die zusammen mit Treibholz aus schnellwachsenden Holzarten, wie Ulmen, angepflanzt wird.

Interessant ist, daß J. Lehmann, der das Leben der Eiche im Walde beobachtete, zu der Schlußfolgerung kommt, daß die Eiche eine „Gruppenpflanze" ist. „Daher habe ich auf Grund dieser Feststellung begonnen, die Eiche bei Pflanzungen nicht einzeln, sondern in ganzen Gruppen zu neun Stück anzupflanzen. Die Gruppen verteile ich schachbrettartig, wobei die Ulmenarten wie im Normaltyp die Rolle eines Treibholzes spielen. Esche und Spitzahorn werden ebenso wie die Gleditschie in üblicher Folge mit der Treibholzart stammweise der Pflanzung beigemischt."

Die Schlußfolgerung Lehmanns hinsichtlich der größeren Widerstandsfähigkeit der Eiche bei deren gruppenweiser Verteilung unter andere Holzarten ist zweifellos richtig.

In unserer Zeit ist T. D. Lyssenko zur gleichen Schlußfolgerung gekommen, indem er von der von ihm entdeckten biologischen Gesetzmäßigkeit vom Fehlen eines innerartlichen Kampfes und einer gegenseitigen Hilfe bei Pflanzen und Tieren und dem Bestehen eines zwischenartlichen Kampfes und einer gegenseitigen Hilfe bei diesen ausgeht.

An Stelle des Dontyps wurde in den achtziger Jahren des vorigen Jahrhunderts für die Steppenaufforstung ein Normaltyp vorgeschlagen. Er unterscheidet sich vom ersten dadurch, daß die Eiche, die gemeine Esche und der Spitzahorn nicht von zwei, sondern von einem Ulmenexemplar umgeben waren.

Im Normaltyp waren die Eiche, die gemeine Esche und der Spitzahorn in den Reihen mit Ulmen nach folgendem Schema gemischt:

U — Ei — U — Es — U — Ah — U — Ei — U — usw.,

in diesem bedeutet: U = Ulmenart (Flatter-, Feld-, Bergulme), Ei = Stieleiche, Es = gemeine Esche, Ah = Spitzahorn.

Der Reihenabstand betrug beim Normaltyp 153 cm (5 Fuß), der Pflanzenabstand in der Reihe 70 cm (2 Fuß). Der Kronenschluß trat in Beständen dieses Typs im fünften Jahr ein. Die Anzahl der Säuberungen und Bodenlockerungen überstieg nicht 15 bis 17.

Ungeachtet des größeren Pflanzenabstandes in der Reihe und einer stärkeren Auslichtung wurde die Eiche in diesem Pflanzentyp ebenso wie im Dontyp von Ulmen verdämmt; der Ahorn wurde in geringem Maße, die Esche nur wenig oder gar nicht von diesen unterdrückt. In Beständen dieses Typs ging die Eiche als Ergebnis des zwischenartlichen Kampfes mit Ulmenarten zugrunde. Die Ulmen (hauptsächlich Flatterulme) fielen danach aus, da ihre Biologie nicht den trockenen Steppenverhältnissen entspricht. Die Bestände verwandelten sich in reine Eschenbestände, die in der Regel den Kampf mit der Steppenvegetation nicht bestehen konnten.

Die Geschichte der Steppenaufforstung zeigt, daß dort, wo bei einer Einzelmischung Ulmenarten als Treibholz für die Eiche gepflanzt wurden (im Dontyp und im normalen Pflanztyp), das Treibholz nicht nur keine Steigerung des Höhenwuchses der Eiche hervorrief, sondern im Gegenteil diese wertvolle Holzart vernichtete.

Gegen Ende des vorigen Jahrhunderts schlug G. N. Wyssozki an Stelle des normalen Pflanztyps einen Baum-Strauch-Typ vor. Bei diesem wurde die Eiche — mit Sträuchern und Holzarten als Treibholz für die Eiche — in den Reihen nach folgendem Schema gemischt:

St — Ei — St — Hz — St — Ei — St — usw.,

in diesem bedeutet: St = Strauchart, Ei = Stieleiche, Hz = Holzart als Treibholz für die Eiche.

Der Reihenabstand betrug meistens 1,4 m, der Pflanzenabstand in den Reihen 0,7 m.

F. N. CHARITONOWITSCH, der nach dem Verfahren des Akad. G. N. WYSSOZKI (nach dem Baum-Strauch-Typ) begründete Pflanzungen untersuchte, weist darauf hin, daß Birke, gemeine Esche, weiße Akazie, Ulmen, amerikanischer Ahorn, wenn sie in der Reihe in einem Abstand von 1,4 m von der Eiche gepflanzt werden, nicht nur den Höhenwuchs dieser nicht steigern, sondern im Gegenteil bereits vor dem zehnten Lebensjahr die Eiche stark unterdrücken und zum Teil vernichten. Weiterhin steigert sich mit zunehmendem Alter die unterdrückende und vernichtende Einwirkung dieser Treibholzarten auf die Eiche. Bei einem geringeren Abstand der genannten Holzarten als 1,4 m von der Eiche äußert sich ihr negativer Einfluß auf die Widerstandsfähigkeit und das Wachstum dieser in noch stärkerem Maße.

In den neunziger Jahren des vorigen Jahrhunderts schlug der Leiter des Forstamtes Weliko-Anadol, N. J. DACHNOW, den Baum-Schatten-Pflanztyp vor, bei dem die Eiche, Schatten- und Treibholzarten in den Reihen nach folgendem Schema gemischt waren:

S — Ei — S — T — S — Ei — S usw.,

in diesem sind mit S = Schattenholzarten (Spitzahorn, Feldahorn, kleinblättrige Linde, Hainbuche), mit Ei = Stieleiche und mit T = Treibholzarten (gemeine Esche, pensylvanische Esche) bezeichnet.

Der Reihenabstand betrug 1,4 m, der Pflanzenabstand in der Reihe 0,7 m.

Bei Untersuchung der DACHNOWschen Pflanzungen stellte F. N. CHARITONOWITSCH fest, daß die gemeine Esche, wenn sie in der Reihe in einem Abstand von 1,4 m von der Eiche gepflanzt wird (nach Schattenholzart), in diesem Typ die Eiche ebenso unterdrückt und vernichtet wie beim Baum-Strauch-Pflanztyp.

F. N. CHARITONOWITSCH schreibt: „Versuche der Eichenpflanzung mit Treibholzarten bei der Steppenaufforstung haben — angefangen von den siebziger Jahren des vorigen Jahrhunderts bis zu unserer Zeit — überzeugend aufgezeigt, daß das sogenannte Treibholz, d. h. schnellwachsende Holzarten, wenn sie zu beiden Seiten der Eiche nicht nur in einem Abstand von 35 bis 70 cm, sondern auch in einem Abstand von 1,4 m gepflanzt werden, nicht nur das Wachstum dieser wertvollen Holzart nicht fördern, sondern im Gegenteil die Eiche nur schädigen, indem sie ihr Wachstum schwächen und deren Absterben hervorrufen."

Erfahrungen der Steppenaufforstung haben gezeigt, daß eine Einzelmischung der Eiche sich nicht bewährt hat.

Bei sämtlichen erwähnten Pflanzmethoden konnten die Bäumchen verschiedener Arten in ihren ersten Lebensjahren sich weder stören noch helfen, da der Abstand der Reihen 1,4 m und der Pflanzen in der Reihe 0,7 m betrug.

Um die Pflanzen vor der Grasvegetation der Steppe zu schützen, war eine jährliche Bodenbearbeitung so lange erforderlich, bis sich die Kronen der Bäumchen schlossen. Danach war eine Bodenbearbeitung nicht mehr möglich. Die geschlossenen Pflanzungen mußten dann schon selbst die Bildung der Steppenvegetation verhindern. Wenn aber gemischt gepflanzte Bäumchen verschiedener Arten ihre Zweige schließen, beginnt zwischen ihnen eine erbitterte zwischenartliche Konkurrenz um Licht und Feuchtigkeit.

„Diese Pflanzungen sind daher zugrunde gegangen", schreibt LYSSENKO, „weil sich dort verschiedene, stark miteinander konkurrierende Holzarten in Einzelmischung befanden. Es ist erforderlich, die Eiche nicht einzeln, sondern in Gruppen, nesterweise zu verteilen, um keiner anderen Holzart die Möglichkeit zu geben, sie im Jugendalter zu unterdrücken."

Um jungen Holzpflanzen bessere Voraussetzungen für den Kampf mit der wilden Steppenvegetation zu schaffen, schlägt T. D. LYSSENKO vor, in Waldstreifen bei der Bestandesbegründung gleichzeitig entsprechende Einsaaten einjähriger landwirtschaftlicher Kulturen vorzunehmen.

In seiner Analyse der hundertjährigen Erfahrungen der Steppenaufforstung schreibt T. D. LYSSENKO: „Bekanntlich sind im Laufe der über 100 Jahre alten Steppenaufforstung in der Trockensteppe einzelne gute Waldmassive geschaffen worden. Daneben sind aber auch viele Mißerfolge und ein Verkommen der Pflanzungen zu verzeichnen. Ausgehend vom Stand unserer Kenntnisse der MITSCHURINschen Biologie ist mir klar, daß die Ursache für alle Mißerfolge bei der Steppenaufforstung in der Anerkennung der erdachten innerartlichen und in der Ablehnung der zwischenartlichen Konkurrenz seitens der alten biologischen Wissenschaft zu sehen ist. Auf der anderen Seite sind alle Erfolge bei der Steppenaufforstung, die zur Entstehung guter Waldmassive geführt haben, hauptsächlich auf eine bewußte oder unbewußte Nichtbeachtung der falschen Empfehlungen der biologischen Wissenschaft seitens der praktischen Forstwirte zurückzuführen."

Und weiter schreibt LYSSENKO: „Einzelne Forstwirte, wie z. B. MOROSOW, WYSSOZKI, OGIJEWSKI und andere, die das Leben des Waldes gut kannten, sind zu richtigen Empfehlungen gekommen. Zu ihrer Zeit waren sie aber nicht imstande, die biologische Theorie zu ändern, aus ihr die reaktionäre These vom innerartlichen Kampf zu streichen. Daher blieben die praktischen Empfehlungen dieser Wissenschaftler unbeachtet, so daß falsche Grundsätze in der Theorie der Waldbegründung bis in die letzte Zeit hinein bestanden."

Eine gleiche Bewertung der Klassiker des Waldbaues gibt auch W. G. NESTEROW.

Verweilen wir noch kurz bei folgenden Fragen, die in direkter Beziehung zum behandelten Thema stehen:

1. Was ist besser, Saat oder Pflanzung der Eiche, und unter welchen Verhältnissen können sie Anwendung finden?

2. Vorzüge und Mängel des Voranbaus und der nachfolgenden künstlichen Verjüngung, und welches dieser Verfahren ist zur Erzielung eines größeren Erfolges der forstwirtschaftlichen Tätigkeit zugrunde zu legen?

Saat oder Pflanzung?

In der ersten Etappe der künstlichen Verjüngung fand in Rußland, wie bereits erwähnt, hauptsächlich die Eichensaat Anwendung.

Das wachsende Ausmaß der Walderneuerungsarbeiten, die diesen jährlich gestellten festen Aufgaben sowie die Unmöglichkeit der Beschaffung des Saatgutes für die Kulturarbeiten (infolge der Periodizität der Mastjahre und der Unkenntnis, Eicheln über längere Zeit aufzubewahren) zwangen, zu Eichenpflanzungen überzugehen. Durch Saat begründete Eichenkulturen rückten in den achtziger Jahren des 19. Jahrhunderts etwas in den Hintergrund. Mißerfolge der Eichenpflanzung auf Schlägen infolge Unterschätzung der Auslichtung der gepflanzten Jungeichen zwangen allmählich, zu einer Pflanzung 1—1,5 m hoher Heister überzugehen.

In der zweiten Hälfte des 19. Jahrhunderts waren Heisterpflanzungen auf Schlägen weit verbreitet.

Gegen Ende der neunziger Jahre schlug W. D. OGIJEWSKI vor, in den Verhauen von Tula zu Saaten oder Pflanzungen ein- bis zweijähriger Sämlinge in Form von „dichten Plätzekulturen" überzugehen. Sein Vorschlag wurde äußerst skeptisch bewertet. Das Alter des Pflanzgutes begann jedoch allmählich zu sinken, und zu Beginn des 20. Jahrhunderts wurden Eichenpflanzungen schon mit ein- bis zwei- oder dreijährigen Sämlingen ausgeführt. Eichensaaten wurden in Mastjahren und hauptsächlich unter dem Bestandesschirm ausgeführt.

Das Wachstum der mittels Saat und Pflanzung zweijähriger Sämlinge begründeten Kulturen ist durch folgende Angaben gekennzeichnet (die Saat ist ein Jahr später als die Pflanzung durchgeführt — von S. A. SAMOFAL fortgeführte Versuche W. D. OGIJEWSKIS):

Tabelle 2

Alter	Saat					Pflanzung				
	4	6	9	20	31	7	9	12	23	34
Durchmesser in Zentimeter	0.9	1,7	2,5	7.3	12,4	1,1	1,8	2,5	6,7	11,5

Wie aus der Tabelle ersichtlich ist, wachsen mittels Saat begründete Eichenkulturen ungeachtet ihres geringeren Alters (Unterschied 3 Jahre) im Hinblick auf den Durchmesser besser als Pflanzungen.

W. W. POPOW, der in den Verhauen von Tula Eichensaaten und Pflanzungen verschiedenen Alters untersuchte, hat folgende Tabelle der die Kulturen charakterisierenden Faktoren aufgestellt:

Tabelle 3

Kulturverfahren	Alter	Höhe m	Durchmesser cm	Vorrat m^3
1. Reihenpflanzung	26	9,6	8,6	52
Reihensaat	24	7,3	6,3	48
2. Reihenpflanzung	35	14,6	14,3	158
Reihensaat	29	11,0	9,6	106
3. Dichte Pflanzung nach Ogijewski	36	10,7	9,4	111
Dichte Saat nach Ogijewski . .	38	11,8	13,8	156
4. Reihenpflanzung	67	21.8	23,1	267
Reihensaat	70	22,8	22.0	288
5. Reihenpflanzung	67	21,8	23,1	267
Reihensaat	64	21,9	24,0	267

Auf Grund dieser Angaben hebt W. W. POPOW hervor, daß die meisten Pflanzungen sich durch höhere Werte auszeichnen.

Unseres Erachtens nach sprechen die angegebenen Zahlen dafür, daß hinsichtlich Wachstum und Leistung zwischen Saat und Pflanzung kein Unterschied besteht.

OGIJEWSKI (1912) kommt zu dem Schluß, daß bei einem Vergleich zwischen gleichaltriger Eichensaat und Eichenpflanzung gesäte Eichen sich stets durch eine bessere Höhenwuchsleistung unterscheiden.

W. W. POPOW (1937) nimmt an, daß Saaten in den ersten 10 Jahren besser als Pflanzungen wachsen, vom 12. bis 14. Lebensjahre an aber gesäte Eichen ihr Wachstum zusehends verlangsamen, da die Konkurrenz zwischen diesen um Nährstoffe, Feuchtigkeit und Licht scharfe Formen annimmt.

Pflanzungen kränkeln dagegen in den ersten 2—5 Jahren, wachsen langsam, steigern aber danach ihren Zuwachs. Wie POPOW berichtet, gelingt es der Saat bei normalen Wuchsverhältnissen trotzdem nicht, die Pflanzung einzuholen. — Mit kleinen Pflanzen begründete Kulturen können wiederum aus starken Pflanzen hervorgegangene Kulturen nicht einholen.

Die Schlußfolgerungen W. W. POPOWS stehen sowohl mit vorstehenden Ausführungen als auch mit seinen eigenen aufgeführten Zahlen in keinem Einklang.

Das Zurückbleiben der Saaten beginnt mit dem Zeitpunkt ihres Schlusses. Bei einer rechtzeitigen und richtigen Pflege der jungen Saateichen wird aber ein solches Zurückbleiben nicht eintreten.

TOLSKI (1930) untersuchte die Zahlen OGIJEWSKIS und berechnete Zuwachs und Höhe von Pflanzungen, die mit siebenjährigen Sämlingen begründet waren und von Saaten. Er kam zu dem Schluß, daß Saaten mit dem Alter ihren Zuwachs steigern und allmählich die Pflanzungen einholen.

P. K. FOLKOWSKI, A. B. SHUKOW und andere Forstwirte (1928), die den Zustand der Eichenkulturen im Versuchsforstamt Trostjanez untersuchten, führen eine Reihe von Beispielen an, die das Wachstum und die Leistung gesäter und gepflanzter Eichenkulturen charakterisieren. Auf Grund ihrer Untersuchungen schließen sie, daß mittels Saat und Pflanzung begründete Kulturen in ihrer Leistung fast gleich sind.

Ebenso wie in den Verhauen von Tula wachsen gesäte Eichen in den ersten Jahren, bis zum Alter von 10 bis 15 Jahren, besser als gepflanzte, die infolge des Umpflanzens kränkeln. Danach beginnen Saaten, die dichter als Pflanzungen stehen, mit dem Schluß der Kulturen ihr Durchmesserwachstum zu verlangsamen; ein ähnliches Bild ergibt G. R. EITINGEN (1918) für Kiefernkulturen.

Hinsichtlich des Verhaltens von Eichenkulturen unter Steppenverhältnissen führen wir Zahlen von J. F. GRIZENKO (1938) an, der Vergleiche zwischen gesäten und gepflanzten Eichenkulturen anstellte:

Tabelle 4

Kulturverfahren	Alter der Bäume	Mittlerer Durchmesser cm	Mittlere Höhe m
Eichensaat 1912	26	8,2	9,4
Pflanzung mit einjährigen Sämlingen 1912	27	8,1	8,9
Pflanzung mit zweijährigen Sämlingen 1912	28	6,7	7,6

Somit sind auch unter Steppenverhältnissen aus Saat hervorgegangene Eichenkulturen im Hinblick auf Leistung und Qualität nicht schlechter.

Vergleiche hinsichtlich Wachstum und Leistung zwischen mittels Saat und Pflanzung begründeter Eichenkulturen zeigen eindeutig, daß Eichensaaten in allen naturgeschichtlichen Verhältnissen von der alten Waldsteppe bis zur Trockensteppe zu guten Ergebnissen führen.

A. B. SHUKOW (1929) hat vergleichende Untersuchungen über die technischen Eigenschaften des Eichenholzes aus dem Forstamt Trostjanez in Zusammenhang mit Verjüngungsverfahren durchgeführt. Der Verfasser vertritt die Ansicht, daß die Holzqualität bei aus Saaten hervorgegangenen Eichenkulturen etwas besser ist als bei der aus Pflanzung.

J. F. GRIZENKO (1938) hat Qualitätsbestimmungen an 26- bis 28jährigen Stämmen gesäter und gepflanzter Eichen durchgeführt, wobei er diese der Geradschäftigkeit nach in drei Klassen einteilte. Seine Ergebnisse bekräftigen die bessere Qualität der Stämme gesäter Eichen auch unter Steppenverhältnissen. Folglich ist die Saat als bestes Verfahren zur Begründung von Eichenkulturen zu betrachten. Eine weitestgehende Anwendung der Eichensaat wird jedoch durch eine Reihe von Faktoren eingeschränkt, weshalb auch auf eine Pflanzung der Eiche nicht verzichtet werden kann.

Voranbau oder nachfolgende Eichenkultur

In der Literatur finden sich nur kurze Angaben über Vergleiche zwischen Eichenkulturen unter dem Bestandesschirm und auf Schlägen.

Erfahrungen der künstlichen Verjüngung der Eiche unter Schirm weisen darauf hin, daß die Forstwirte die praktische Bedeutung der innerartlichen Beziehungen der Eiche unterschätzt haben. Nach Abtrieb des Mutterbestandes befinden sich die Jungeichen auf dem Schlage in einer Einzelmischung mit stark konkurrierenden Holzarten. Nicht genügend beachtet wurde, daß Eichen in Lücken und Lichtungen des Bestandes zu säen und zu pflanzen sind. In den Fällen, in denen die Eiche in Gruppen wächst, entwickelt sie sich sowohl unter dem Schirm als auch auf Schlägen bedeutend besser. Die besten Voraussetzungen sind für die Entwicklung der Eiche in Bestandeslücken, soweit diese natürlich nicht vergrast sind, gegeben.

Eine künstliche Verjüngung der Eiche unter dem Bestandesschirm steht überhaupt ihrem Wesen nach dem natürlichen Walderneuerungsprozeß nahe. Künstlich begründete Kulturen wachsen in diesem Falle auf Böden, die keine, oft unerwünschte und sogar schädliche Veränderungen erfahren haben, wie sie auf Schlägen sich einstellen.

Solche Kulturen haben in ihren ersten Entwicklungsjahren keinen Kampf mit der wuchernden Bodendecke und danach mit dem üppig wachsenden Ausschlag anderer Holzarten zu bestehen.

Die schädliche Wirkung der Früh- und Spätfröste auf die Jungeichen wird unter dem Schirm ebenfalls gemildert. „Bei einer solchen Verjüngung der Eiche" — sagt G. F. MOROSOW — „wird nicht nur ein Erfolg der Verjüngung gewährleistet, sondern auch die Gesundheit des Waldes, der heranwachsen soll, gefördert."

Der erste Versuch einer künstlichen Einbringung der Eiche unter dem Bestandesschirm wurde in den Verhauen von Tula unternommen. Dieser Versuch war offenbar erfolgreich, da die beratende Kommission für die Wälder von Tula (1887), auf Vorschlag F. K. Arnolds, auf Jahresschlägen eine Aussaat von Eicheln unter dem Schirm 1—2 Jahre vor dem Einschlag empfahl. Gleichzeitig mit der Aussaat von Eicheln wurde empfohlen, das ganze Unterholz zu beseitigen (A. B. Shukow).

Dieser Vorschlag fand Anklang, und die Aussaat von Eicheln unter dem Schirm alter Bestände fand zu Beginn des 20. Jahrhunderts weiteste Verbreitung. Hinweise deuten darauf hin, daß die Eichelsaat unter dem Bestandesschirm ohne Zweifel mit Erfolg im Forstamt Tschugujewo-Babtschansk des Gebiets Charkow (G. G. Burlakow, 1904) und im Gebiet Wladimir (Prigara, 1903) Anwendung gefunden hat. Im Tellermanow-Wald hat die Aussaat von Eicheln unter dem Schirm 1—2 Jahre vor dem Einschlag zu sehr guten Ergebnissen geführt, während Eichenpflanzungen auf Schlägen inmitten von Ausschlag sich als unbefriedigend erwiesen.

P. Sedaschew (1902), der im Forstamt Golowanowsk (ehemaliges Gouvernement Podolien) den Verfall der Eichensaaten und Pflanzungen beobachtete und Schirmschläge empfahl, schlug vor, gruppenweise Eichenpflanzungen ohne Bodenbearbeitung unter dem Bestandesschirm 2—3 Jahre vor dem Lichtschlag in Lücken durchzuführen.

A. Sobolew (1903) empfahl Schirmschläge und schlug vor, die Eiche unter dem Schirm dort einzubringen, wo ein natürlicher Aufschlag fehlt.

Tabelle 5

Verjüngungsverfahren	Alter				Anmerkung
	3	5	10	15	
Saat					
Durchmesser in Zentimeter:					
unter dem Schirm	0,5	0,9	1,2	2,0	
auf dem Schlage	0,5	1,0	1,2	3,3	Die Kulturen befanden sich 15 Jahre unter dem gelichteten Schirm
Höhe in Meter:					
unter dem Schirm	0,28	0,53	1,42	2,35	
auf dem Schlage	0,22	0,43	1,12	2,75	
Pflanzung					
Durchmesser in Zentimeter:					
unter dem Schirm	—	0,6	1,2	1,4	
auf dem Schlage	—	0,7	1,5	2,0	
Höhe in Meter:					
unter dem Schirm	—	0,38	1.17	1,54	
auf dem Schlage	—	0,36	0,95	1,74	

W. W. POPOW (1937) untersuchte unter dem Schirm der Verhaue von Tula angelegte Eichenkulturen und weist darauf hin, daß Saaten und Pflanzungen unter dem Schirm alter Bestände zu negativen Ergebnissen geführt haben.

A. B. SHUKOW berichtet auf Grund seiner praktischen Erfahrungen in den Eichenwäldern der Ukraine, daß unter dem Bestandesschirm ausgeführte Eichensaaten, wenn sie unbeaufsichtigt bleiben, späterhin zugrunde gehen. Der Verfall der Eichenkulturen unter dem Bestandesschirm ist aber nicht auf eine Unvollkommenheit dieser Maßnahme zurückzuführen.

Von W. D. OGIJEWSKI in den Verhauen von Tula angestellte und von S. A. SAMOFAL fortgeführte und veröffentlichte (1938) Vergleichsversuche über das Wachstum der Eichenkulturen unter einem zu 50 % durchforsteten Bestand und auf einem frischen Schlage zeigten die in Tabelle 5 angeführten Ergebnisse. Aus ihr geht hervor, daß gesäte und gepflanzte Eichenkulturen sich unter dem Bestandesschirm im Laufe von 5 bis 10 Jahren gleich erfolgreich entwickeln. Danach geht das Dicken- und Höhenwachstum zurück. Für die Praxis bestehen jedoch keinerlei Gründe, die Kulturen so lange unter Schirm zu halten.

Daher kann behauptet werden, daß ein ein- bis zweijähriges Belassen der Kulturen unter Schirm keinen negativen Einfluß auf diese ausübt.

Nach Untersuchungen von OGIJEWSKI und SAMOFAL „gehört zu den Faktoren, die das Wachstum der Eiche unter dem Bestandesschirm in den ersten Jahren fördern, der Schutz vor Spätfrösten“. So wurde z. B. nach einem Spätfrost festgestellt, daß auf einem offenen Schlage 63 % der Eichen stark beschädigt waren, unter dem Schirm aber nur 0,27 %.

Der Voranbau der Eiche unter dem Bestandesschirm hat gegenüber Kulturen auf dem Schlage eine Reihe von Vorzügen, von denen die bemerkenswertesten folgende sind:

1. Verkürzung der Verjüngungsperiode, da die neue Generation entsteht, während der Mutterbestand noch vorhanden ist.

2. Kulturen unter Schirm treten nach Abtrieb des Mutterbestandes in einem erstarkten Zustand in den Kampf mit dem Ausschlag. Das begünstigt die Erhaltung der Eiche in gemischten Junghölzern.

3. Kulturen unter Schirm erfordern eine weniger sorgfältige Bearbeitung des Bodens, da dessen physikalische Eigenschaften eine Saat und sogar eine Pflanzung auf unvorbereitetem oder nur leicht bearbeitetem Boden zulassen. Das führt zu einer bedeutenden Senkung der Kulturkosten.

Als Mängel des Voranbaus gelten:

1. Die Notwendigkeit, den Holzeinschlag und die Holzeinfuhr in eng begrenzten Jahreszeiten durchzuführen.

2. Die erschwerte Pflege der Kulturen nach dem Einschlag des Bestandes, da es meistens schwer ist, die Kultureichen im sich entwickelnden Aufschlag zu finden.

3. Der größere Verbrauch an Saatgut.

Diese Mängel sind jedoch unwesentlich. Eine Beschränkung der Einschlagszeit ist in Eichenwäldern im Interesse der natürlichen Verjüngung sowie der Ausschlagverjüngung erforderlich.

Zur Erleichterung der Kulturpflege (Aufrichten und Auslichten der Kultureichen) ist erforderlich, die Saat und Pflanzung nesterweise unter strenger Einhaltung der festgelegten Abstände bei reihenweiser Anordnung durchzuführen.

Eine künstliche Vorverjüngung unterscheidet sich ihrem Charakter nach durch nichts von einer Naturverjüngung aus Samen. Folglich müssen Umweltverhältnisse, die den besten Verjüngungserfolg bei einer Naturverjüngung aus Samen gewährleisten, auch für eine künstliche Vorverjüngung geeignet sein.

Ziel, Programm, Methodik und Umfang der Arbeit

Das Ziel der vorliegenden Arbeit ist:

1. die auf die Entstehung und Entwicklung des Eichenaufschlags einwirkenden Faktoren zu studieren und kennenzulernen, den Aufschlag selbst, seinen Zustand sowohl unter dem Schirm der Bestände als auch auf Schlägen zu untersuchen;

2. die Bedeutung des Mischungsverhältnisses bei Eichenkulturen mit anderen Holzarten zu klären;

3. den Einfluß der geographischen Herkunft der Eicheln auf das Wachstum und die Lebensfähigkeit der Eiche bei Einzel- und Gruppenmischung mit anderen Holzarten zu studieren.

Als Ergebnis der Untersuchungen war vorgesehen, Antworten auf folgende Fragen zu erhalten:

1. Ist eine Wiederherstellung der Eichenwälder auf dem Wege der Naturverjüngung aus Samen durch verhältnismäßig einfache Maßnahmen möglich?

2. Welche Maßnahmen sind für eine solche Wiederherstellung erforderlich?

3. In welcher Mischung — stamm- oder gruppenweise und mit welchen Holzarten — ist die Aufzucht der Eiche am zweckmäßigsten?

Auf Grund der Untersuchung des Zustands und des Verjüngungsverlaufs der Eiche unter Schirm und auf dem Schlage, ihres Wachstums bei Einzelmischung und gruppenweiser Mischung mit verschiedenen Holzarten war vorgesehen, Verbesserungsmaßnahmen für die Pflege- und Endnutzungshiebe auszuarbeiten.

Das Programm für die Untersuchungen bestand in folgendem:

1. im Studium des Zustands der Verjüngung unter dem Bestandesschirm und der Klärung der Faktoren, die die Bildung und die Entwicklung des Aufschlags beeinflussen;

2. in der Klärung des Verhaltens des Aufschlags in Lücken;

3. in der Untersuchung des Zustands des Aufschlags und des Jungwuchses auf Schlägen bei Einzel- und Gruppenmischung;

4. in der Untersuchung des Einflusses der Zusammensetzung der Krautdecke auf das Wachstum der Eiche auf Schlägen;

5. im Studium der Rolle des Unterholzes und der Begleitholzarbeiten der Eiche für die Herstellung optimaler Wachstums- und Entwicklungsverhältnisse auf Schlägen;

6. im Studium des Zustands der Eichenkulturen ohne „Treibholzart", mit Erbsenstrauch als „Treibholzart" und mit „Treibholzarten" aus Haselnuß mit Birke und Aspe in 10- bis 20jährigem Alter bei Einzel- und Gruppenmischung;

7. in der Untersuchung des Zustands der Eiche bei stammweiser und gruppennesterweiser (OGIJEWSKIsche dichte Plätzekulturen) Mischung in 30- bis 50jährigen Beständen;

8. im Studium der Eiche in 30- bis 50jährigen Rein- und Mischbeständen (Eiche mit Linde, Eiche mit Aspe, Eiche mit Esche u. a.);

9. im Studium von Eichenkulturen, die mit Samen verschiedener geographischer Herkunft begründet wurden:

a) im staatlichen Naturschutzgebiet der Verhaue von Tula, das aus Eicheln der Gebiete Kasan, Woronesh und Tula im stamm- und nesterweisen Kulturverfahren (Alter 37 Jahre) begründet ist,

b) in der Baumschule Sofia, die aus Eicheln des Gebietes Sofia und Nordost-Bulgarien begründet ist (Alter 35 Jahre).

Die Untersuchungsmethodik bestand in folgendem: Die Verjüngung unter Schirm und auf Schlägen wurde hauptsächlich mittels Probeflächen untersucht. Auf jeder Probefläche wurden meistens 15—20 (abhängig von der Höhe des Aufschlags) 2 × 2 und 5 × 5 m große Parzellen angelegt.

Auf diesen Parzellen wurde die räumliche Verteilung sämtlicher Bäume und Sträucher ermittelt, die von den Kronen bedeckte Fläche mittels Projektion aufgenommen, Anzahl, Alter und Höhe der Eichen und der anderen Holzarten sowie Zusammensetzung und Entwicklungsgrad der Grasdecke usw. bestimmt. Diese Ermittlungen wurden nach der vom Lehrstuhl für Waldbau des Moskauer Forsttechnischen Institutes (MLTJ) ausgearbeiteten Methode Professor

W. G. NESTEROWS durchgeführt. Unter dem Schirm wurden acht, auf Schlägen sechs Probeflächen, sämtliche im frischen Eichen-Linden-Mischwald (D_2), angelegt.

Zum Studium des Verhaltens des Eichenaufschlags auf Schlägen, in Abhängigkeit von der Grasdecke und verschiedener Begleitholzarten der Eiche, wurden auf dem Schlage 25—30 besondere 2 × 2 und 5 × 5 m große Parzellen angelegt. Insgesamt erfolgte nach dieser Methode die Untersuchung von drei Schlägen verschiedenen Alters. Ermittelt wurden hier: die Höhe der Begleitholzarten der Eiche, die Projektion ihrer Kronen, ihre Anzahl auf der Parzelle, ferner der Zuwachs der Eiche während der letzten 3—4 Jahre, Alter, Anzahl und Höhe dieser, die Färbung ihrer Belaubung sowie Zusammensetzung und Entwicklungsgrad der Grasdecke.

Unter dem Schirm wurden Probeflächen in Beständen verschiedenen Schlußgrades (von 0,4 bis 0,9), mit und ohne Unterholz, mit entwickelter und fehlender Grasdecke angelegt. Von Schlägen wurden für Probeflächen Schläge der drei Altersgruppen: 1—5, 6—10 und 11—15 Jahre ausgewählt.

Die Untersuchungsmethodik für die Eiche bei Einzel- und Gruppenmischung, in Rein- und Mischbeständen und in Beständen aus Samen verschiedener geographischer Herkunft bestand im üblichen Probeflächenverfahren. Außer den üblichen Taxationsmerkmalen (Höhe, Durchmesser) wurde noch die Projektion der Kronen, die Höhe bis zum ersten toten und grünen Ast und bis zum ersten Wasserreis sowie die Geradschäftigkeit und Abholzigkeit an 20—30 Stämmen jeder Probefläche gemessen. Für die räumliche Verteilung der Stämme auf Plätzen mit dichten Kulturen erfolgte die Anfertigung einer Skizze. Außerdem wurden die Taxationsmerkmale der den Platz umgebenden Stämme gemessen.

In Reihenkulturen und dichten Kulturen sowie in Beständen aus Eicheln verschiedener geographischer Herkunft wurden zwecks Analyse des Wachstumsverlaufs vier Probestämme entnommen. In den diesbezüglichen Kulturen der Baumschule von Sofia wurden an 15—20 mechanisch auf der Probefläche ausgewählten Bäumen phänologische Beobachtungen angestellt. Bei diesen wurde festgehalten:

1. der Beginn der Knospenschwellung;
2. der Beginn des Knospenaufbruchs;
3. der Beginn der Blattentfaltung;
4. die Entfaltung der Gesamtbelaubung;
5. der Beginn der Blüte;
6. der Höhepunkt der Blüte;
7. das Ende der Blütezeit.

Die Schaftkrümmung wurde durch Bestimmung der Pfeilhöhe in zwei zueinander senkrechten Richtungen für jeden Meter bis zu einer Stammhöhe von 10 m ermittelt. Insgesamt wurden 38 Probeflächen angelegt.

Die Unterlagen wurden im wesentlichen im staatlichen Naturschutzgebiet von Tula und in der Leschose Krapiwensk gesammelt, die zum Bestand der historischen Verhaue von Tula gehören (Gebiet Tula). Die Untersuchungen wurden in den Jahren 1947 und 1948 durchgeführt. In der Arbeit sind auch meine während des Besuches des Schipow- und des Tellermanow-Waldes im Gebiet Woronesh sowie der Leschosen Schitomir und Buda-Kaschelewsk (Gebiet Gomel) im Jahre 1947 gemachten Beobachtungen aufgezeichnet.

Beschreibung der Verhaue von Tula
(Tulskije Sasseki)

Die Verhaue von Tula sind in der Literatur von W. J. STURM, M. M. ORLOW, W. W. POPOW, N. A. GOLOSSOW, S. A. SAMOFAL und anderen ausführlich beschrieben worden. Daher verweile ich nur kurz bei der Charakteristik dieser Wälder.

Die Verhaue von Tula haben in der Entwicklung der russischen und sowjetischen Forstwirtschaft eine große Rolle gespielt. Bereits im 14. und 15. Jahrhundert wurde in diesen, die zum Schutz des Moskauschen Staates vor Tatareneinfällen geschaffen waren, sowie in Waldrevieren, die von russischen Herrschern verschiedenen Organisationen und Personen zugewiesen wurden, eine besondere und geregelte Forstwirtschaft betrieben.

In den Eichenwäldern von Tula entstanden eigene Wirtschaftsverfahren, die in sämtlichen Eichenwäldern der Union Anwendung fanden. In diesen Wäldern haben weit über die Grenzen der Union hinaus bekannte Forstwirte wie MOLTSCHANOW, OGIJEWSKI, WYSSOZKI, MOROSOW, W. W. POPOW, J. P. PRAJACHIN und andere gearbeitet.

Die Verhaue von Tula gliedern sich in zwei Waldkomplexe, den nördlichen und den südlichen.

Der südliche Waldkomplex zieht sich in Form eines schmalen, gewundenen, 1—8 km breiten Streifens von West nach Ost auf eine Länge von etwa 75 km hin. Er beginnt am Verhau von Kaluga im Moskauer Gebiet und zieht sich in Richtung auf die Stadt Tula hin, von der er 11 km südöstlich endet.

Der nördliche Waldkomplex bildet kein geschlossenes Massiv. Er beginnt am Verhau von Schtscheglowsk, 5 km nördlich von Tula, und zieht sich in einem schmalen Streifen in nordwestlicher Richtung auf eine Länge von etwa 20 km hin.

Diese Wälder erscheinen als nördliche Variante der Waldsteppe. Die an diese grenzenden Örtlichkeiten stellen keine absolut waldlosen Flächen dar. Das Klima ist ein Übergangsklima. Sein durchschnittliches Jahresminimum fällt in den Februar, dessen mittlere Temperatur — 10 ° C beträgt. Das durchschnittliche Jahresmaximum liegt im Juli, der eine mittlere Temperatur von + 18,8 ° C hat. Das absolute Minimum beträgt für 29 Jahre — 32,5 ° C und das Maximum + 36,0 ° C. Die Anzahl der Frosttage beträgt 168, davon ohne Tauwetter 103. Eine mittlere 24stündige (Tag und Nacht) Lufttemperatur über 0 ° C tritt im Durchschnitt um den 1. April ein und fällt mit dem Erwachen der Vegetation zusammen.

Die ersten Herbstfröste können um den 22. September herum beobachtet werden, wobei in diesem Monat zwei Fröste zu verzeichnen sind. Von Frühjahrsfrösten kommen im April 16, im Mai 2 und im Juni 0,4 vor. Die negative Einwirkung der Spätfröste macht sich besonders bei der Eiche bemerkbar. Die Niederschläge betragen etwa 500 mm, von denen zwei Drittel auf die Vegetationsperiode entfallen. Vorherrschend sind Westwinde.

Zu negativen Klimaerscheinungen gehören: a) Spät- und Frühfröste; b) überschüssige Feuchtigkeit in einigen Monaten (Juni und teilweise Juli) und c) Dürreperioden in einigen Jahren, insbesondere im Mai, wo sie am schädlichsten sind.

Verschiedene Besonderheiten in der Geländeausformung, der Bestände u. a. schaffen zusammen ein Mikroklima, das sich seinen Merkmalen nach von festgesetzten Normen meteorologischer Elemente unterscheidet.

Die Verhaue von Tula liegen an den nordöstlichen Hängen der mittelrussischen Anhöhe, der sogenannten „Murowschen Anhöhe", an der Abzweigung der Hauptwasserscheide. Der höchste Punkt liegt 270 m über dem Meeresspiegel.

Das Gelände ist im allgemeinen wellig und von Schluchten durchzogen. Karstbildungen sind nicht selten, kommen aber nicht überall vor. Abhängig ist deren Bildung vom Relief, der Mächtigkeit des anstehenden Kalksteins und dem Charakter der diesen bedeckenden Ablagerungen.

Die südlichen Wälder folgen in einem ununterbrochenen Streifen der Wasserscheide entlang des Upa und seines Nebenflusses Kolodnja. Die nördlichen Wälder setzen sich aus einzelnen Waldgruppen zusammen, die nahe beieinander liegen oder sich berühren. Der Verhau von Schtscheglowsk liegt im westlichen Teil der Wasserscheiden der Flüsse Upa, Sesh und Tuliza und zieht sich dann entlang der Wasserscheide Upa-Ossetr. Der Verhau von Kornizk liegt auf der Wasserscheide Schacha-Ossetr, die Verhaue von Wenewsk und Kartaschowo auf den Wasserscheiden zwischen dem Oberlauf des Ossetr und seiner Nebenflüsse.

An der Bildung der Urgesteine ist der Nord-Skandinavische Gletscher, der das Gebiet der Verhaue von Tula berührt hat, stark beteiligt gewesen. Als Produkt der Moränenverwitterung und der Wassereinwirkung sind gelbgraubraune sandige Lehme entstanden, die im wesentlichen auch den Untergrund der Verhaue von Tula bilden. Die Böden sind über das Waldgebiet mosaikartig verteilt. An gut drainierten Stellen sowie in den oberen Teilen der geneigten, meist südlich und östlich exponierten, schwach drainierten Hänge kommen dunkelgraue sandige Lehmböden vor. In den unteren Teilen der Hänge, wo die Drainage erschwert ist, sind die Böden bedeutend feuchter, podsoliert und strukturlos. In niedrigen Lagen mit überschüssiger Feuchtigkeit oder fehlender bzw. schwacher Drainage sind halbmoorige Böden anzutreffen.

Nach Angaben von 1927 gliedert sich die bestockte Fläche der Verhaue von Tula nach vorherrschenden Holzarten wie folgt:

Eiche	18 013 ha	Esche	2162 ha
Linde	12 553 ha	Birke	1236 ha
Aspe	11 779 ha	künstlich begründete Nadelhölzer . . .	137 ha

Der Bestockungsgrad beträgt im allgemeinen für Eiche und Linde etwa 0,6—0,7; für Aspe 0,7—0,8.

Der Anteil der Eiche an der Zusammensetzung der Bestände ist geringer als im Tellermanow- und Schipow-Wald. In den Verhauen herrschen Junghölzer vor. Mittelalte, annähernd reife und reife Bestände sind in geringerem Maße vertreten. Die Eiche und die Esche haben 1940 durch Frost gelitten, letztere dabei in stärkerem Maße.

In den Verhauen tritt die Eiche in zwei Formen auf: als Früh- und als Spättreiber. Die spättreibende Form ist mit 10 % vertreten und mehr den Tieflagen angepaßt. Sie schlägt um 14 Tage später als die frühtreibende aus. Beide Formen sind gleich geradschäftig. 1940 haben beide durch Frost gelitten. Die in südlichen Gebieten hinsichtlich früh- und spättreibender Eiche gezogenen Schlüsse finden in den Verhauen von Tula keine volle Bestätigung.

Bekanntlich leidet die spättreibende Form im Süden der UdSSR in geringerem Maße unter Spätfrost und zeichnet sich daher durch einen schlankeren Wuchs und besseres Fruchten, ein etwas schnelleres Wachstum im Jugendalter sowie einen geringeren Befall durch Schädlinge aus (N. P. KOBRANOW). Sie verlangt dafür aber mehr Wärme und feuchtere Böden (CHARITONOWITSCH). Welche Form in den Verhauen von Tula besser wächst, ist nach Ansicht KATJUKOWS schwer zu sagen.

Bis zu den vierziger Jahren des vorigen Jahrhunderts waren hier, wie fast in sämtlichen Wäldern Rußlands, Plenterhiebe üblich. Danach wurde ein Kahlschlagsystem mit Samenüberhältern eingeführt. Seit dieser Zeit haben im wesentlichen schmale Kahlschläge Anwendung gefunden.

Die erste Forsteinrichtung setzte für die Eiche einen 120jährigen, für die anderen Holzarten einen 60jährigen Umtrieb fest. Ausgehend davon, daß die Industrie stärkeres Holz als die Waffenproduktion benötigt, wurden von der im Jahre 1874 erfolgten Betriebsregelung folgende Umtriebszeiten festgesetzt:

Für die Eiche 135 Jahre, für Linde, Ahorn, Esche und Ulme 90 Jahre und für Aspe und Birke 45 Jahre. Im Jahre 1906 wurde für die Eiche ein 160jähriger Umtrieb festgesetzt, davon ausgehend, daß in diesem Alter ein Maximalertrag erhalten wird.

Die Betriebsregelung der Jahre 1926—1929 richtete sich mehr nach dem Anfall von Spaltholzsortimenten und setzte einen 140jährigen Umtrieb fest.

Birke und Aspe erreichen mit 50—55 Jahren Dimensionen von Sortimenten, insbesondere für den bäuerlichen Betrieb. Daher wurde für diese Holzarten ein 50jähriger Umtrieb gewählt.

Für die Linde wurde ein 80jähriger und für Schäleiche ein 100jähriger Umtrieb festgesetzt.

Die stadienmäßige Entwicklung des Eichenaufschlags

Die Erscheinung der stadienmäßigen Entwicklung bei Holzarten ist erstmalig von J. W. MITSCHURIN aufgedeckt und danach von T. D. LYSSENKO zu einer geordneten Theorie von der stadienmäßigen individuellen Entwicklung der Pflanzen glänzend ausgearbeitet worden. Zahlreiche Experimente haben gezeigt, daß jede Pflanze eine Reihe von Stadien durchläuft, die sich auf eine geschichtliche Entwicklung der Erbanlagen der Vorfahren und einen Komplex bestimmter Umweltbedingungen gründen.

Das kalendarische Alter einer aus Samen hervorgegangenen Pflanze und ihr physiologischer Zustand sind nicht identisch. Je nach den gegebenen Verhältnissen kann jede Pflanze intensiv wachsen, sich aber dennoch langsam entwickeln, d. h. lange nicht fruchten und umgekehrt, langsam wachsen, aber schnell zu fruchten beginnen.

Sind die erforderlichen Voraussetzungen im Optimum vorhanden, gewährleisten sie ein schnelleres Durchlaufen der Stadien. Besteht bei einzelnen ein Mangel oder Überfluß, so durchläuft die Holzart bestimmte Stadien dementsprechend langsamer. Überschreiten einzelne Voraussetzungen minimale oder maximale Grenzen, so wird das Durchlaufen des jeweiligen Stadiums, obgleich das Wachstum der Pflanze noch anhalten kann, verzögert.

Im Verlaufe eingehender und vielseitiger Untersuchungen der Biologie des Eichenaufschlags wurde erkannt, daß dessen Entstehung und Weiterentwicklung durch die Verschiedenartigkeit der Umweltfaktoren bedingt ist. Umweltverhältnisse, die für das Entstehen des Aufschlags als optimal erscheinen, können sich bisweilen auf seine weitere Entwicklung auch negativ auswirken. Der Fehler vieler Forscher bestand darin, daß sie diese offenbar klare Feststellung nicht berücksichtigt haben (SHUKOW).

Die Betrachtung der Biologie des Eichenaufschlags nicht vom Standpunkt einer stadialen Entwicklung der Pflanzen hat zu einer Identifizierung der für die Entwicklung des Aufschlags günstigen Umweltverhältnisse mit Verhältnissen, die seine Entstehung bestimmen, geführt. So hat beispielsweise der zahlreiche in durchforsteten Beständen frischer und trockener Eichenwälder der südlichen Waldsteppe erhalten gebliebene Aufschlag S. N. KRASNOPOLSKI, SEDASCHEW, WOLOSHENZEW und andere zu dem irrigen Schluß geführt, daß es notwendig ist, die Bestände zu lichten, ihre Struktur zu vereinfachen, um eine Bildung von Aufschlag zu erreichen.

Bei natürlicher Verjüngung der Eichenwälder ist, wie Untersuchungen einer Reihe von Forschern zeigen, erforderlich, zwei Hauptstadien im Verjüngungsprozeß zu berücksichtigen:

a) das Stadium der Bildung des Aufschlags und

b) das Stadium seiner Entwicklung.

Im ersten Stadium des Verjüngungsprozesses übt das Licht keinen entscheidenden Einfluß aus. Für die Bildung von Aufschlag nach Abfall der Eicheln erscheinen als bestimmende Faktoren die Feuchtigkeit und der lockere Zustand der oberen Bodenschicht, in der das Keimen der Eicheln erfolgt, sowie der Zutritt von freiem Sauerstoff und Wärme in den Boden.

Im zweiten Stadium des Verjüngungsprozesses (meistens 2—3 Jahre nach Bildung des Aufschlags) erscheint das Licht als für Wachstum und Entwicklung des Eichenaufschlags bestimmender Faktor. Die hier genannten Faktoren sind beide von Bedeutung, entscheidend ist aber das Licht.

Verweilen wir nun ausführlicher bei der Frage, warum gerade das Licht als ausschlaggebender Faktor erscheint und welches Licht besonders für die Entwicklung des Eichenaufschlags erforderlich ist.

KORNAKOWSKI hat als erster bemerkt, daß der Eichenaufschlag nach dreijährigem Bestehen unter dem Bestandesschirm abstirbt, im nächsten Jahre jedoch erneut auflebt, indem er am Wurzelhals einen Trieb bildet, und daß der Kampf zwischen Leben und Tod 6—7 Jahre dauert, wobei jedes Jahr ein neuer Ausschlagtrieb entsteht. Bekanntlich spielt in der Entwicklung des Aufschlags eine große Rolle, ob der jeweilige Trieb aus der End- oder der Seitenknospe entstanden ist. Äußerst wichtig ist klarzustellen, was den Eichenaufschlag veranlaßt, seine Entwicklung mittels Seitenknospen fortzusetzen. Bei Betrachtung des Eichenaufschlags sind stets Exemplare, bei denen sich das abgestorbene Hauptstämmchen erhalten hat, aber auch solche, bei denen dieses fehlt und seine Stelle sich zu überziehen und zu überwachsen beginnt und nur an den Krümmungen des Stämmchens zu erkennen ist, zu finden. In den Fällen, in denen sich das Stämmchen ganz erhalten hat, kann eine mechanische Verletzung nicht als Ursache für sein Absterben anerkannt werden. Diese kann in einer Beschädigung durch Frost oder Dürre liegen. Die letztgenannte Ursache ist aber wenig wahrscheinlich, da diese Erscheinung auch unter Verhältnissen beobachtet werden kann, bei denen ausreichend Feuchtigkeit im Boden und keine Grasvegetation, die die Eiche verdämmen oder aber Feuchtigkeit entziehen könnte, vorhanden ist. Eine direkte Einwirkung von Sonne und Wind ist hier aber durch den vorhandenen Schirm der Mutterbäume ausgeschlossen, wodurch die Möglichkeit der sogenannten atmosphärischen Dürre und des Sonnenbrandes entfällt. Die erste Ursache — eine Beschädigung durch Frost (frühe Herbstfröste, Winterfröste, späte Frühjahrsfröste) — ist aber durchaus möglich. Wenn der Eichenaufschlag unter dem Schirm Ende Oktober, Anfang November einer Betrachtung unterzogen wird, kann sofort festgestellt werden, daß die meisten Jungeichen ihre Vegetationsperiode noch nicht abgeschlossen haben, der Trieb noch nicht vollständig, in einigen Fällen aber überhaupt noch nicht verholzt ist.

Aus welchen Gründen erfolgt nun kein Verholzen des Triebes? Als eine der Ursachen kann angesehen werden, daß die Entwicklung des neuen Triebes später als gewöhnlich beginnt, sich verzögert, die Vegetationsperiode sich infolgedessen stark verkürzt und die Triebe nicht ausreifen können. Wenn aber der Beginn der Vegetation des Aufschlags mit dem Beginn der Vegetationsperiode der übrigen Pflanzenwelt des betreffenden Ortes zusammenfällt, ist offenbar, daß irgendwelche anderen Faktoren, die die Entwicklung verzögern und den für die Entwicklung des Triebes erforderlichen Zeitraum über die Grenzen der Vegetationsperiode des jeweiligen Ortes ausdehnen, vorhanden sind. Infolgedessen wird der nicht ausgereifte Trieb der Einwirkung ungünstiger Temperaturverhältnisse ausgesetzt. Warum leidet nun der Haupttrieb des Eichenaufschlags in den ersten 2—3 Jahren sogar bei einer Beschattung nicht, warum geht er nicht zugrunde und entwickelt sich auch nicht?

T. D. LYSSENKO schreibt, daß „für das Durchlaufen der Jarovisationsstadien der Faktor Licht sowie auch die Dauer der Tagesbelichtung gar keine Rolle spielen. Das Jarovisationsstadium können Pflanzen mit gleichem Erfolg sowohl unter den Bedingungen eines langen Tages als auch eines beliebig verkürzten durchlaufen (auch bei ständiger Dunkelheit), wenn nur eine entsprechende Feuchtigkeit für das Saatgut gegeben ist und die Temperatur, die bei dieser für die jeweilige Sorte zulässige Amplitude nicht übersteigt."

Nachdem das Jarovisationsstadium durchlaufen ist, spielt der Faktor Licht, die Dauer des Tageslichtes für die weitere normale Entwicklung der Pflanzen eine entscheidende Rolle. Diese Entwicklungsetappe ist das Lichtstadium genannt worden.

„Es ist festgestellt, daß das Lichtstadium, das unmittelbar dem Jarovisationsstadium folgt, bei Getreidearten am besten bei ununterbrochener Belichtung oder zumindest einem verlängerten Tage in Verbindung mit anderen Faktoren (Temperatur, Feuchtigkeit, Luft) verläuft." (T. D. LYSSENKO.)

Möglich ist, daß der Eichenaufschlag deshalb zu kümmern beginnt (2—3 Jahre nach seinem Entstehen), weil er für seine weitere Entwicklung andere Verhältnisse — mehr Licht, ein längeres Tageslicht, eine andere Verteilung der Tag- und Nachtstunden — benötigt. Unter den geschlossenen Schirm der Bestände dringen Sonnenstrahlen später als in Lücken oder offene Stellen ein. Es ist festgestellt worden, daß bei einem für die betreffende Art anormalen Verhältnis zwischen Tag und Nacht die Triebe nicht ausreifen. Anzunehmen ist, daß der Eichenaufschlag infolge eines unter dem Schirm vorhandenen kürzeren Tages nicht ausreifen kann.

Die stadienmäßige Entwicklung der Eiche wird besonders durch Versuche von J. N. NIKITIN und W. M. LEHMANN bestätigt.

J. N. NIKITIN ist einer der ersten Forstwirte, der die Lehre J. W. MITSCHURINS im Waldbau anzuwenden begann. Die Arbeiten NIKITINS zeigen, in welchem Maße Umweltverhältnisse die Natur des Eichenaufschlags verändern können. So hat J. N. NIKITIN bei einer periodischen Temperatureinwirkung von 35 bis 40 °C im Laufe von 5 Tagen auf Keime der Eiche (Qu. robur L.) und nachfolgender Aufzucht der Sämlinge bei ununterbrochener Einwirkung von elektrischem Licht, das dreimal schwächer als die Belichtung des offenen Geländes war, und einer Temperatur von 25 bis 28 °C einen Tageszuwachs der Sämlinge von 7 cm, d. h. 3 mm in der Stunde, erreicht. Diese 3,5 Monate alten Riesen wurden ins offene Gelände ausgepflanzt und haben die strengen Winter der Jahre 1939 und 1940 gut überstanden und überstiegen im Jahre 1941 die Höhe 12jähriger im Gelände aufgezogener Eichen.

Zu ähnlichen Ergebnissen ist auch W. M. LEHMANN 1946 an der landwirtschaftlichen Timirjasew-Akademie gekommen. Mir war die Gelegenheit gegeben, die Versuchsergebnisse J. N. NIKITINS in Leningrad und W. M. LEHMANNS an der Timirjasew-Akademie persönlich kennenzulernen.

Alles das bringt uns auf den Gedanken, daß wir, wenn wir die Natur des Eichenaufschlags, seine Biologie kennen, tatsächlich imstande sind, diesen zu verändern, ihn zu zwingen, in der Jugend viel schneller als gewöhnlich zu wachsen.

Qualitative Charakteristik des Eichenaufschlags

Bei der Qualitätsbewertung der Jungeichen haben wir in unserer Arbeit als gut solche Eichen bezeichnet, die, natürlich bei unbeschädigter Belaubung, gesunde äußere Merkmale — saftige grüne Blätter in größerer Anzahl, ein gleichmäßiges, mehr oder weniger starkes Stämmchen — aufweisen. Als unbefriedigend wurden die Eichen bezeichnet, die ein zu dünnes Stämmchen, eine geringe Höhe, nicht mehr als zwei (höchstens drei) blaßgrüne dünne und kleine Blätter haben und deutlich ausgeprägte Spuren einer Unterdrückung infolge ungünstiger Wuchsverhältnisse tragen. Als zufriedenstellend wurden die Eichen bewertet, die, obgleich sie ausgeprägte Unterdrückungsmerkmale zeigen, die Unterdrückung noch ertragen können, nach Freistellung aber imstande sind, sich zu erholen. Natürlich ist eine solche Qualitätseinteilung in starkem Maße willkürlich und subjektiv. Wir haben sie aber als ausreichend betrachtet, da bei ihr nicht nur irgendwelche Einzelmerkmale, wie z. B. die Stärke der Eiche am Wurzelhals, ihre Höhe, die Anzahl der Blätter u. a., sondern alle diese zusammen berücksichtigt werden. Für unsere Untersuchungszwecke war diese Charakteristik ausreichend. In der Literatur ist aber, wie wir bereits erwähnten, eine Reihe von Klassifikationen zur Bestimmung des Zustands des Eichenaufschlags zu finden. Ein besonderes Interesse erweckt von diesen die von PJATNIZKI ausgearbeitete Klassifikation der Typen des Eichenaufschlags, von der wir schon gesprochen haben.

Das Alter des Eichenaufschlags ist, wie sich erwiesen hat, nicht so leicht festzustellen. Schon die ersten Beobachter und Forscher haben diese Schwierigkeit hervorgehoben. Wie kann das Alter der Aufschlageichen nun bestimmt werden? Nach äußeren Merkmalen, durch Abzählen ihrer Jahrestriebe, ist es schwer zu ermitteln. Auch wenn die Eiche nicht beschädigt wurde und noch nicht „zu kümmern" begonnen hat, ist ihr Alter nicht so leicht zu bestimmen. Erstens sind ihre Jahrestriebe von unbedeutender Länge, die Blattnarben überdecken einander, und zweitens ist die Bildung von Johannistrieben möglich, die das Bild vollkommen verwischen können. Daher haben wir versucht, mit Hilfe des Mikroskops an Querschnitten durch Abzählen der Jahresringe das Alter zu bestimmen. Unsere Arbeit endete jedoch etwas unerwartet. — Wir mußten dieses Verfahren aufgeben, da die Jahresringe im Mikroskop nicht zu erkennen waren. Bei Eichen, die nachweisbar schon einige Jahre alt waren, war das Holz undifferenziert, bei normalen Jungeichen deutlich sichtbare Jahresringe nicht zu finden. Das ganze Holz zeigte eine vollkommen gleichartige Struktur. Lediglich hier und da waren unregelmäßig verstreut größere Gefäße sichtbar. Am Querschnitt eines sechsjährigen Eichenzweiges sind Jahresringe vollkommen deutlich zu erkennen. Der Querschnitt des Stämmchens eines Eichenaufschlags zeigt nicht einmal ein Bild, das auch nur annähernd an Jahresringe erinnern könnte. Offenbar ist das Kambium der sich unter Schirm befindenden Jungeichen untätig, und die Holzelemente werden daher von diesem wahrscheinlich in äußerst geringem Ausmaße gebildet, weil dafür andere Verhältnisse (langer Lichttag) erforderlich sind. Somit war der Versuch, das Alter der Aufschlageichen durch unmittelbare Beobachtungen zu bestimmen, mißlungen. Indirekt kann aber auf Grund allgemeiner Betrachtungen das minimale Alter, in dem sich der Aufschlag befinden könnte, ermittelt werden. Als Anhaltspunkt diente die Anzahl und das Äußere der Internodien. Besondere Aufmerksamkeit richtete man darauf, ob und wie oft die Eiche gekümmert hat. Ist dies bei einer unter einem geschlossenen Schirm sich befindenden Eiche nicht erfolgt, so kann sie nicht älter als zwei bis drei Jahre sein. Hat aber ein Kümmern stattgefunden, muß deren Anzahl ermittelt und davon — sowie von anderen Merkmalen abhängend — ihr Alter festgestellt werden.

In den Verhauen von Tula haben wir gefunden, daß sich der Eichenaufschlag unter Schirm 8—10 Jahre halten kann. Eine längere Zeit konnte mit Sicherheit nicht festgestellt werden, da geeignete Beobachtungsobjekte nicht zu finden waren. Scheinbar gibt es aber unter den in den Verhauen gegebenen Verhältnissen keinen älteren Aufschlag. Sollte dieser aber doch irgendwo vorkommen, so kann er infolge seiner geringen Zahl von keiner praktischen Bedeutung sein.

Uns interessierte nun die Frage, ob es möglich ist, Kümmerlinge bei der Naturverjüngung der Eiche auszunützen.

In der Literatur wird, wenn auch nur selten, darauf hingewiesen, daß „Kümmerlinge" bei der Verjüngung der Eiche ausgenutzt werden können (A. A. JUNIZKI, W. W. POPOW u. a.).

Bevor wir diese Frage beantworten, wollen wir dabei verweilen, warum Forstwirte die „Kümmerlinge" fürchten. Es ist erwiesen, daß bei Absterben des Haupttriebes einer Jungeiche und dessen Ersatz durch einen neuen aus einer Adventivknospe der abgestorbene Teil in diesem Kümmerling sich unvermeidlich zu zersetzen und zu faulen beginnt. Anfangs wird das Bäumchen nicht in Mitleidenschaft gezogen. Allmählich greift aber die „Fäule" aus dem toten Teil des Stämmchens in den gesunden über und infiziert das Mark des Hauptstämmchens, was an Teilschnitten des Stämmchens sehr gut zu sehen ist. Wenn der abgestorbene Trieb rechtzeitig entfernt würde, käme es offenbar zu keiner Infektion des sich neu bildenden Triebes.

Bei Verwendung von Naturverjüngung in Form von Kümmerlingen auf Eichenschlägen ist es erforderlich, diese auf den Stock zu setzen, was nicht auf der ganzen Fläche, sondern nur zum Teil, horstweise erfolgen kann. Dabei muß jedoch eine reihenweise Anordnung der Gruppen eingehalten werden, um die sanierten Eichen bei späteren Pflegemaßnahmen auf Grund ihrer Lage unterscheiden zu können.

Zur Bekräftigung des Gesagten können einige Beispiele angeführt werden. Im Jahre 1903 hat MOLTSCHANOW im Odojewskijschen Teile des Naturschutzgebietes der Verhaue von Tula, Abteilung 28, Unterabteilung „b", mit in der Baumschule gewachsenem Pflanzgut Kulturen begründet. Da diese infolge starker

Unterdrückung schlecht wuchsen, setzte er sie auf den Stock. Dieser Bestand wurde von uns untersucht. Wir stellten dabei fest, daß er hinsichtlich Durchmesser (18 cm) und Höhe (18 m) nicht schlechter als die angrenzenden Bestände wächst. Mit Hilfe des Preßlerschen Zuwachsbohrers prüften wir einige Stämme auf Kernfäule. Sie erwiesen sich als vollkommen gesund.

Im Jahre 1940 litten in den Verhauen von Tula Eiche und Esche besonders stark unter Frost. In Eichen- und Eschenjungwüchsen, in denen die Haupttriebe stark in Mitleidenschaft gezogen wurden, bildeten sich im nächsten Jahre aus Adventivknospen neue Triebe. Auf Vorschlag von J. P. PRJACHIN wurden Eiche und Esche sowie auch die anderen Holzarten, die unter Frost gelitten hatten, auf den Stock gesetzt oder zurückgeschnitten, d. h. der vertrocknete Teil entfernt. Jetzt, 6—7 Jahre nach der Operation, befinden sich die sanierten Eichen in einem sehr guten Zustand. Dort, wo eine solche Operation nicht vorgenommen wurde, ist die Fäule von oben nach unten fortgeschritten, und der Vertrocknungsprozeß dauert bis zu einem vollständigen Eingehen der Bäume fort.

Auf Grund dieser Ausführungen sind wir der Ansicht, daß „Kümmerlinge" bei der Naturverjüngung durchaus Verwendung finden können.

Von Interesse ist auch das Studium der Wurzelsysteme des Eichenaufschlags in dessen verschiedenen Entwicklungsstufen unter dem Bestandesschirm.

Es ist uns nicht gelungen, eingehend die Art des Wurzelsystems, sein Verhältnis zu verschiedenen Bodenhorizonten usw. zu studieren.

Durch Untersuchung einer geringen Anzahl von Wurzelsystemen sowohl auf speziellen Entblößungen als auch einfach ausgehobener haben wir Material gefunden, das die Ansicht S. S. PJATNIZKIS bekräftigt. Der Aufschlag sämtlicher Entwicklungsstufen besitzt in der Regel eine Pfahlwurzel, von der Wurzeln zweiter Ordnung abzweigen. Größere Unterschiede zwischen Wurzeln einzelner Aufschlagtypen treten nicht in Erscheinung. Die Beobachtung PROCHOROWS, daß das Wurzelsystem des sich in einem „Kümmerzustand" befindenden Eichenaufschlags sich vom Wurzelsystem eines erst entstandenen durch seine Verzweigung, das Vorhandensein nicht einer für die Eiche charakteristischen Pfahlwurzel, sondern mehrerer u. a. unterscheidet, ist nicht zutreffend.

Es verhält sich folgendermaßen: In seinem ersten Lebensjahre dringt der junge Keimling bis zu einer gewissen, recht bedeutenden Tiefe in den Boden ein. In den folgenden Jahren läßt der Zuwachs der Pfahlwurzel nach oder hört, abhängend von Umweltverhältnissen, sogar ganz auf. Die recht starke, sich nach unten zuspitzende Pfahlwurzel dringt zickzackförmig, dichtere Stellen des Bodens umgehend und verschiedene Risse ausnutzend, bis zu einer Tiefe von 30 bis 50 cm und mehr in den Boden ein. Die Wurzeln der zweiten Ordnung bilden sich in der Humusschicht und sind in der Regel in den unter dieser liegenden Schichten kürzer. Die Hauptmasse des Wurzelsystems des Eichenaufschlags befindet sich im allgemeinen in der auf dem Humus folgenden Bodenschicht. Die Wurzeln der zweiten Ordnung sind beim Eichenaufschlag schwächer entwickelt als z. B. bei der Esche. Der Charakter des Wurzelsystems verschiedener Aufschlagtypen ist fast der gleiche. Der Unterschied zwischen Wurzelsystemen von Aufschlag verschiedenen Alters ist aber unbedeutend.

Die Verjüngung unter dem Bestandesschirm

A. Der Einfluß des Bestandesschlusses auf die Entwicklung des Eichenaufschlags

Die Bildung und Entwicklung des Eichenaufschlags ist, abgesehen von der Reichhaltigkeit der Besamung, der Folge der Mastjahre, der Anwesenheit von Schädlingen u. a., auch noch von der Struktur und dem Zustand des Schirmes des Mutterbestandes abhängig.

Die Beschreibung des Verjüngungsverlaufes unter Schirm beginnen wir mit dem Bestand in der Abteilung 43 des Odojewskijschen Teiles des Staatlichen Naturschutzgebietes der „Verhaue von Tula".

Die Abteilung 43 ist eben gelegen; der Boden mittelstark podsolierter sandiger Waldlehm; der Bestand — eine VI. Altersklasse, II. Bonität, Schlußgrad 0,9 — besteht im Oberholz aus Ei 8 — Li 1 — Es und Ah 1; der Unterstand ist schwach ausgebildet. Das Unterholz des Bestandes ist gut entwickelt und besteht vorwiegend aus Haselnuß, seltener aus Heckenkirsche und Pfaffenhütchen; seine mittlere Höhe erreicht 3 m, der Schlußgrad beträgt 0,3—0,4. In der Bodendecke sind hauptsächlich Goldnessel, Giersch und Sternblümchen vertreten; Gräser sind schwach entwickelt. Der beschriebene Bestand kann zum frischen Eichenwald mit Ahorn und Linde — D_2 — gerechnet werden.

Im Jahre 1937, nach einem Mastjahr, wurde von W. W. POPOW in dieser Abteilung eine ständige Probefläche mit sechs Sektionen angelegt. Zwei Sektionen (die zweite und vierte) verblieben als Kontrolle. In der ersten wurde 1937 = 18 % des Vorrats eingeschlagen. In der dritten wurden 1937 = 30 % des Vorrats und 1946 = 35 % des Vorrats und des Unterholzes entnommen. In der fünften Sektion wurden 1937 = 40—45 % des Vorrats und 1946 der gesamte Restbestand eingeschlagen. In der sechsten wurde 1937 der ganze Bestand im Kahlschlag abgetrieben und 1946 — verhältnismäßig spät — der Eichenjungswuchs ausgelichtet.

W. W. POPOW hatte sich beim Anlegen dieser wie auch anderer Probeflächen zum Ziele gesetzt, klarzustellen, welche Hiebsverfahren bei der Endnutzung eine Naturverjüngung der Eiche gewährleisten.

Im Jahre 1948 wurden von uns in jeder Sektion je 20—25 Parzellen (2 × 2 m) angelegt. Methodik und Ordnung der Anlage der Parzellen wurden bereits im entsprechenden Abschnitt dieser Arbeit beschrieben. Nachstehend sind in Tabelle 6 durchschnittliche Aufschlagmengen, abhängend vom Grad der Auflockerung des Schirmes des Mutterbestandes, aufgeführt:

Tabelle 6

Einfluß des Hiebsverfahrens auf die Verjüngung der Eiche in der Abteilung 43 des Forstamtes Odojewsk

Nr. der Sektion	Charakteristik der Bestände	Alter und Menge des Eichenaufschlags (Jahre)			Menge des Eichenaufschlags		Menge des Anflugs anderer Holzarten	
		3—5	6—10	11—15	auf der Probefl.	auf 1 ha	auf der Probefl.	auf 1 ha
1	1937 18 % des Vorrats eingeschlagen	21[1] / 3	14	—	35 / 3	5 916 / 498	140 / 7	23 240 / 1 162
3	1937 30 %, 1946 35 % des Vorrats und Unterholzes eingeschlagen	35 / 12	38 / 16	—	73 / 28	12 000 / 4 668	145 / 30	21 580 / 5 000
4	Kontrollbestand	8 / 3	—	—	8 / 3	1 328 / 498	130 / 7	21 580 / 1 026
5	1937 40—50 %, 1946 alles eingeschlagen	70 / 10	110 / 7	40	220 / 80	22 000 / 8 000	360 / 10	36 000 / 1 000
6	1937 alles kahlgeschlagen	2 / 1	1 / 1	3 / 1	15 / 3	1 845 / 375	170	21 250

1) Im Zähler — gesunde, im Nenner — zweifelhafte Exemplare.

Aus Tabelle 6 ist ersichtlich, daß die Entwicklung des Eichenaufschlags am besten dort ist, wo nach dem Mastjahr 40—45 % des Vorrats und im Jahre 1946 der ganze restliche Teil des Bestandes eingeschlagen wurde. Das führen wir darauf zurück, daß einerseits dem Eichenaufschlag die erforderliche Lichtmenge bei entsprechender Länge des Lichttages gegeben war, andererseits sich aber die Grasvegetation nicht entwickeln konnte. Da, wo nach dem Mastjahr weniger eingeschlagen wurde (18 % des Vorrats), blieb der Schirm so weit geschlossen, daß sich keine Grasvegetation entwickeln konnte, aber auch keine ausreichende Lichtmenge vorhanden war. Nur darauf ist zurückzuführen, warum im ersten Falle fast sechsmal mehr Eichenaufschlag als im zweiten vorhanden ist.

Der im Mastjahr durchgeführte Kahlschlag hatte eine schlechte Naturverjüngung aus Samen zur Folge. Das kann dadurch erklärt werden, daß durch den Abtrieb des gesamten Oberholzes sich die Umweltverhältnisse auf dem Schlage plötzlich in negativer Weise veränderten, das Mikroklima sich verschlechterte, eine

Grasvegetation sich bildete, der Ausschlag (aus Linde, Ahorn, Esche, Aspe u. a.) stark zu wuchern begann und die Eiche rasch verdämmte, da eine Pflege dieser zu spät, erst nach 10 Jahren erfolgte. Die Eiche befand sich zudem in Einzelmischung, was sich ebenfalls nachteilig für diese auswirkte.

JUNASCH kommt auf Grund eines umfangreichen Versuchsmaterials im Schipow-Wald zu dem Schluß, daß ein Kahlschlag im Mastjahr überhaupt keine Naturverjüngung aus Samen gewährleistet. Im weiteren Verlauf werden wir noch auf diese Frage zurückkommen. Vorläufig wollen wir aber bei der Frage verweilen, welcher Bestandesschluß für die Entwicklung des Eichenaufschlags als optimal zu betrachten ist.

Zu diesem Zwecke wurden von uns fünf Probeflächen in den Abteilungen 29 und 44 des Forstamtes Krjukowo, 145 des Forstamtes Jarzewo und 64 und 43 des Odojewskijschen Teiles des Staatlichen Naturschutzgebietes der „Verhaue von Tula" angelegt. Die Probeflächen in den genannten Abteilungen ähnelten in bezug auf die Wuchsverhältnisse den Verhältnissen der Abteilung 43 des Odojewskijschen Teiles der „Verhaue von Tula", von dem vorstehend die Rede war. Die Zusammensetzung und die Entwicklung des Unterholzes sind die gleichen; sein Schlußgrad beträgt 0,2. Gräser sind sehr schwach entwickelt. Der Bestand hat einen unterschiedlichen Schlußgrad von 0,4 bis 0,8. Angaben über Aufschlagmengen in Abhängigkeit vom Schlußgrad des Schirmes sind in Tabelle 7 aufgeführt.

Aus Tabelle 7 und dem Diagramm (Abb. 1) ist ersichtlich, daß der zahlreichste Eichenaufschlag im Entwicklungsstadium bei einem Bestandesschluß von 0,5 beobachtet werden kann. Nach links, mit Ansteigen des Schlußgrades und nach rechts (obgleich nicht genügend scharf ausgeprägt), mit dessem Sinken, fällt die Menge des Aufschlags allmählich. Das Sinken der Aufschlagmenge mit Ansteigen des Schlußgrades ist begreiflich. Bei einer Auflockerung des Schlusses kann das Sinken der Aufschlagmenge auf eine stärkere Bodenvergrasung, eine stärkere Entwicklung der Grasdecke und derjenigen Vertreter dieser, die ein Rasenpolster bilden, zurückgeführt werden. Wenn das Unterholz bei dem vorhandenen Schlußgrad dichter oder weniger dicht wäre, wird die Kurve der Aufschlagmenge ihr Maximum nicht bei einem Bestandesschluß von etwa 0,5, sondern in einem Falle bei einem Schlußgrad von 0,6 oder 0,7 und im anderen Falle bei 0,4—0,3 erreichen. Somit schwankt die Menge des Aufschlags unter dem Schirm der Bestände des gegebenen Waldtyps (D_2), abhängend vom Schlußgrad des Schirmes und dem Entwicklungsgrad des Unterholzes, in recht weiten Grenzen.

Unter optimalen Verhältnissen, bei einem Schlußgrad des Unterholzes von 0,2 bis 0,4 und des Oberholzes von etwa 0,5, kann Eichenaufschlag im Entwicklungsstadium in einer Anzahl von fast 14000 Stück pro Hektar angetroffen werden.

Tabelle 7

Menge des Eichenaufschlags pro Hektar in Abhängigkeit vom Schlußgrad des Schirmes des Mutterbestandes

Bestandesschluß	Alter und Menge des Eichenaufschlags (Jahre)				Menge des Eichenaufschlags		Menge des Anflugs anderer Holzarten	
	1—2	3—5	6—10	11—15	auf der Probefläche	auf 1 ha	auf der Probefläche	auf 1 ha
0,8	3	16[1] / 4	3	—	22 / 4	1 670 / 300	180 / 36	11 000 / 220
0,7	1	14 / 8	3 / 2	—	18 / 10	2 833 / 1 666	120 / 9	20 000 / 1 500
0,6	—	21 / 3	14	—	35 / 3	5 910 / 400	140 / 7	23 140 / 1 162
0,5	—	35 / 12	32 / 16	—	73 / 28	14 000 / 4 668	145 / 30	24 580 / 5 000
0,4	—	12	38 / 8	—	50 / 8	10 000 / 2 000	150 / 7	42 000 / 2 160

1) Im Zähler — gesunde, im Nenner — zweifelhafte Exemplare.

Unter ungünstigsten Verhältnissen bei einem Schlußgrad von nahezu 1,0 und gleicher Dichte des Unterholzes sinkt die Gesamtzahl des Jungwuchses bis auf 1800 Stück pro Hektar. Folglich sind der Schlußgrad des Schirmes und der Grad der Entwicklung des Unterholzes für den Eichenaufschlag im Stadium seiner Bildung und seiner ersten Entwicklung (2—3 Jahre nach seiner Bildung) von großer und unterschiedlicher Bedeutung. Dieser Umstand ist deshalb sehr wichtig, weil der Erfolg der Naturverjüngung aus Samen der „Verhaue von Tula", wie Untersuchungen W. W. POPOWS und anderer gezeigt haben, in direkter Abhängigkeit zur Unversehrtheit des Jungwuchses in der Zeit zwischen den Mastjahren steht (Mastjahre folgen alle 7—8 Jahre).

B. *Entwicklung des Eichenaufschlags in Bestandeslücken*

In reicher Anzahl bleibt Eichenaufschlag nach seiner Bildung in Lücken und unter Kronen der diese umgebenden Bäume erhalten.

An geschlossenen Stellen bildet sich unter Baumkronen ebenfalls Eichenaufschlag, der sich aber nicht länger als 2—3 Jahre hält. Er ist an diesen Stellen niedrig, hat einen geringen Zuwachs und eine unbedeutende Blattmasse, so daß

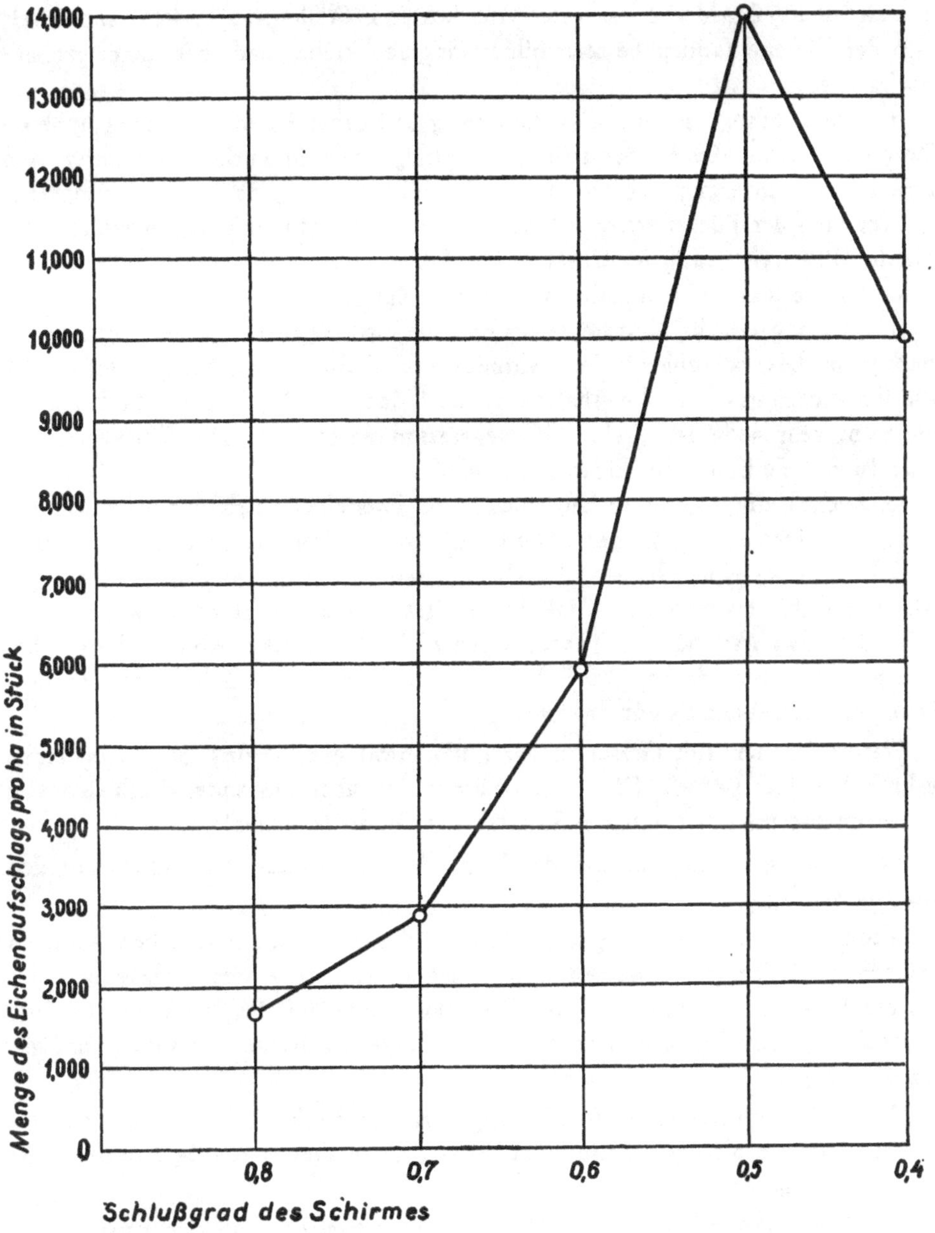

Abb. 1. Menge des Eichenaufschlags in Abhängigkeit vom Schlußgrad des Schirmes.

er sich in der Grasdecke verliert. Auf lichteren Stellen, in Lücken, entwickelt sich der Eichenaufschlag besser, bildet längere Triebe und hat eine größere Blattmasse.

In Lücken erholt sich der Eichenaufschlag weitgehend und gibt einen höheren Zuwachs. Beim Messen der Höhen von Jungeichen in Lücken und unter dem Bestandesschirm ergibt sich folgendes: Die höchsten Jungeichen stehen ungefähr im Zentrum der Lücke, weiter zum Rand der Lücke hin sinkt deren Höhe. Das gleiche Bild weist auch der Zuwachs des letzten Jahres auf. Am größten ist er in der Mitte und sinkt allmählich nach dem Rande zu.

Sehr wichtig ist, die Ursache dieser Erscheinung festzustellen. Unserer Ansicht nach kann diese sowohl mit der Lichtmenge in Verbindung gebracht werden, die die Jungeichen in der Lücke erhalten, als auch damit, daß sich in der Lücke, wenn sie nicht sehr groß ist, keine Grasvegetation entwickelt. Die Grasvegetation aber ist der Todfeind des Eichenaufschlags.

Jungeichen, die 2—3 Jahre lang nach ihrem Entstehen beschattet waren, finden nach ihrer Freistellung in der „Lücke" die günstigsten Verhältnisse. Sie entwickeln sich bei einem langen Tageslicht, erhalten die erforderliche Lichtmenge, die früher (in den ersten 2—3 Jahren) in dem Ausmaß nicht so notwendig war, jetzt aber als entscheidender Faktor auftritt. In der „Lücke" kommt der gefährlichste Konkurrent der jungen Eichen — die Grasvegetation — nicht zur Entwicklung, was ebenfalls günstig ist.

Warum können sich Gräser in der Lücke nicht entwickeln? Sie haben einen sehr hohen Lichtbedarf. Die jungen Eichen sind aber imstande, durch den von ihnen im Jugendalter erzeugten Schatten die Gräser fernzuhalten.

Verweilen wir nun kurz bei der Frage der Einwirkung des Lichtes auf den Eichenaufschlag.

Wenn von der Einwirkung des Lichtes auf die Pflanze gesprochen wird, so müssen zwei Formen desselben unterschieden werden — das direkte und das diffuse Licht. Beide wirken in verschiedener Weise auf das Wachstum und die Entwicklung der Pflanzen, abhängend von deren individueller stadienmäßiger Entwicklung, ein.

Nach zur Zeit vertretenen Anschauungen ist das direkte Licht weniger günstig für die Pflanzen als das diffuse Licht, besonders in den ersten 2—3 Jahren (bisweilen auch länger).

L. A. Iwanow schreibt: „. . . Die Pflanze ist bestrebt, mit den verschiedensten Vorrichtungen morphologischer, anatomischer oder physiologischer Art die direkte Sonnenstrahlung abzuschwächen, wobei alle diese Vorrichtungen ein Zurückziehen in den Schatten natürlich nicht ermöglichen. Sogar die sog. lichtliebenden Pflanzen, wie z. B. unsere Bäume, die anscheinend stets besser bei voller Belichtung wachsen, leiden im Jugendalter ebenfalls bei Einwirkung direkter Strahlung. Erst nachdem sie bedeutende Dimensionen erreicht haben, wenn durch die gegenseitige Beschattung der Blätter und Zweige eine verhältnismäßig kleine Fläche dieser und infolge der Bewegung der Sonne auch nur kurzfristig direkter Strahlung ausgesetzt ist, nur dann weisen sie keine Schädigungen auf."

In der Bestandeslücke ist der Eichenaufschlag der direkten Sonnenstrahlung nicht ausgesetzt, wenn nicht die direkte Strahlung in Betracht gezogen wird, die durch kleine lichtere Stellen in den Baumkronen eindringt und unter dem Schirm „Sonnenflecken" bildet. Die Intensität dieses Lichtes wird aber durch die Baumkronen geschwächt und unterscheidet sich daher wenig von der Wirkung des diffusen Lichtes. Direkte Sonnenstrahlen können den Eichenaufschlag in Lücken dann erreichen, wenn der Schatten ihres südlichen Waldsaumes nicht die ganze Blöße bedeckt.

Die von uns im Zusammenhang mit dem besseren Wachstum der Eiche in Lücken und derem Zentrum aufgeführten Beispiele beziehen sich insbesondere auf solche Fälle, in denen in den Lücken kein direktes Sonnenlicht vorhanden war.

Diese Angaben stimmen mit der von der Physiologie aufgestellten These überein, daß das direkte Sonnenlicht besonders im Jugendalter bis zu einem gewissen Grade für die Pflanze schädlich ist, während eine diffuse Strahlung niemals die Intensität der eines hohen Sonnenstandes erreicht und die sie ausnutzende Pflanze nie übermäßig erhitzt.

Die im Zentrum der Lücke wachsenden Jungeichen erhalten eine größere Menge an diffusem Licht als die am Rande. Daraus erklärt sich die Verteilung des Eichenaufschlags in der Lücke hinsichtlich der Höhe: die höheren Jungeichen stehen im Zentrum, nach außen hin nimmt die Höhe ab.

Das Wachstum und die Entwicklung des Eichenaufschlags unter dem Bestandesschirm wird von der Länge des Lichttages, besonders in den ersten 2—3 Jahren nach seiner Bildung, sowie von der Entwicklung der Grasdecke bestimmt. Unter geschlossenen Beständen bildet sich kein Gras. Die Länge des Lichttages reicht aber für die Entwicklung des Eichenaufschlags nicht aus. Auf Schlägen ist genügend Licht vorhanden, aber auch eine starke Entwicklung des Grases zu verzeichnen. Außerdem bildet sich hier auch Ausschlag anderer Holzarten.

In Bestandeslücken können leicht Verhältnisse geschaffen werden, in denen die Länge des Lichttages ausreichend ist, sich kein Gras bildet und der Eichenaufschlag so weit erstarken kann, daß er nachher auf dem Schlage die Konkurrenz mit anderen Holzarten bestehen kann.

Auf diese Weise wird die Eiche nach Abtrieb des Mutterbestandes auf dem Schlage horst- und gruppenweise verteilt sein und so den Kampf mit Gras, Aspe und anderen schnellwachsenden Holzarten besser bestehen können.

Gerade in der Natur entwickelt sich die Eiche auf diese Weise.

SEDASCHEW bemerkt richtig: „Unter Befolgung des Beispiels, das uns die Natur gibt, schlage ich vor, in Zukunft in Lichtungen der Dunkelschläge gruppenweise Eicheln zu säen und Sämlinge zu pflanzen. Gruppenweise wachsen Keimlinge und Sämlinge schneller und werden vom Unkraut nicht verdämmt."

MOROSOW schreibt in seiner „Lehre vom Walde": „ Wenn wir die Verteilung des Eichenaufschlags unter dem Schirm der Bestände betrachten, so finden wir in dieser Beziehung selten eine Gleichmäßigkeit. Gewöhnlich ist der Aufschlag ungleichmäßig und meistenteils gruppenweise, auf den ersten Anblick launenhaft, auf der Bodenoberfläche verteilt."

Weiter schreibt MOROSOW: „Ein gruppenweiser Jungwuchs kann aber in kleinen Lichtungen beobachtet werden, auf großen Blößen, auf denen zuviel Licht ist und sich daher eine Grasvegetation bildet, gehen jedoch die Keimlinge zugrunde."

Der Zustand der Naturverjüngung der Eiche aus Samen auf Schlägen

Die Untersuchung der Verjüngung auf Schlägen verfolgte, wie bereits erwähnt, folgende Ziele:

1. Studium des Zustands des Eichenaufschlags und Jungwuchses nach Entfernung des Mutterbestandes,

2. Studium des Einflusses der Grasdecke auf die Erhaltung und das Wachstum des Eichenaufschlags und

3. Studium der Rolle der Unterholzarten und Begleitholzarten der Eiche bei der Schaffung optimaler Wuchs- und Entwicklungsverhältnisse für den Eichenaufschlag.

Auf den von uns untersuchten Schlägen schwankt die Menge des Eichenaufschlags zwischen 768 und 22 000 Exemplaren auf 1 ha, der sonstigen Holzarten (Esche, Linde, Ahorn, Ulmen u. a.) aber von 10 bis 36 000.

Mit zunehmendem Alter der Schläge verringert sich die Anzahl der Eichen. Als Ursache für das Eingehen der Jungeichen auf dem Schlage erscheint der schroffe Wechsel der Umweltverhältnisse. Die unter dem Schirm an eine feuchtere Luft gewöhnten, oft stark unter Lichtmangel leidenden Jungeichen werden plötzlich der Sonne ausgesetzt, die die daran nicht gewöhnten Blätter und die Rinde am Stamm verbrennt. Die Blätter welken und bedecken sich mit weißen Flecken, die Rinde des Stämmchens nimmt an der Südseite eine bräunliche Färbung an und weist weitere Brandmerkmale auf. Die Waldstreu schwindet auf Schlägen schnell und ist nicht imstande, die oberen Bodenschichten vor einem Austrocknen zu schützen.

Die höhere Temperatur und Trockenheit der Luft sowie der Wind steigern den Feuchtigkeitsbedarf für die Verdunstung. Die oberen Bodenschichten sind aber indessen durch unmittelbare Verdunstung ausgetrocknet.

Ein früheres Erwachen der Natur auf dem Schlage, das Fehlen eines Schutzes vor Frühjahrs- und Herbstfrösten, besonders wenn der Ausschlag sich noch nicht geschlossen hat, führen zu einer Vernichtung der Jungeichen. Auf Grund unserer Untersuchungen versuchen wir, vergleichend den Einfluß einiger Verjüngungsverhältnisse, die durch die Grasdecke und den Ausschlag geschaffen werden, auf das Wachstum und die Entwicklung der Jungeichen auf dem Schlage zu klären.

Bevor wir zur Klärung des Einflusses der genannten Faktoren auf den Zustand der Verjüngung auf Schlägen übergehen, wollen wir bei den Veränderungen verweilen, die nach der Entfernung des Schirmes des Mutterbestandes in der Grasdecke entstehen. Das tun wir deshalb, weil, wie T. D. LYSSENKO hervorhebt, „Waldbäume das Steppengras, insbesondere die Quecke u. a., wie Feuer fürchten. Diese Pflanzen, die meistens unter verschiedenen Klimaverhältnissen wachsen, spielen aber in der Entwicklung der Steppe die gleiche Rolle — sie erscheinen als Pioniere, als Vortrupp der Steppenvegetation im Kampf der Steppe mit dem Walde."

Eine Übersicht der Schläge zeigt, daß deren Bodendecke im Laufe der Zeit einer ganzen Reihe bestimmter Veränderungen unterworfen ist. Die Gesetzmäßigkeit dieser Veränderungen ist von A. A. CHITROWO festgestellt und von G. F. SHELESNOW im Tellermanow-Walde sowie von M. A. KRASSNOW im Südteil der Steppe bestätigt worden.

Im ersten Jahre nach dem Einschlag des Bestandes, wenn die Aufarbeitung des Holzes auf dem Schlage noch nicht abgeschlossen ist, unterscheidet sich die Bodendecke sowohl in ihrer Zusammensetzung als auch in ihrem Äußeren fast gar nicht von der Bodendecke, die unter dem Schirm des eingeschlagenen Bestandes anzutreffen war. Nur stellenweise, wo die Tätigkeit des Menschen besonders kraß in Erscheinung tritt, befindet sie sich in einem noch kümmerlicheren Zustand als unter dem Schirm. Aber bereits im nächsten Jahre, wenn das Holz abgefahren ist und der Mensch nicht so oft den Schlag betritt, verändert die Bodendecke ihr Aussehen sehr stark. Obgleich auf ihr auch die gleichen Waldformen anzutreffen sind, beginnen sich diese doch dank der Lichtfülle und der sich schnell zersetzenden Waldstreu üppig zu entwickeln. Viele Formen, die sich unter dem Schirm nur auf vegetativem Wege vermehrten, beginnen reichlich zu fruchten. Als charakteristisches Beispiel kann der Giersch (Aegopodium podagraria) genannt werden.

Außerdem erscheinen auf dem Schlage auch die ersten Vorboten der Unkrautvegetation. Meistens sind es Formen, deren Früchte vom Wind leicht verweht oder durch Menschen und Tiere verbreitet werden (dank ihrer griffigen Früchte):

Ackerdistel (Cirsium arvense), Weidenröschen (Epilobium angustifolium), Kanadisches Berufskraut (Erigeron canadensis).

Günstige Bodenverhältnisse (schnelle Zersetzung des jahrelang aufgespeicherten Humus) sowie die schwache Konkurrenz der Waldvegetation geben dem Unkraut die Möglichkeit, sich auf den Schlägen schnell zu entwickeln. Wenn dazu noch in Betracht gezogen wird, daß einige dieser Formen sich energisch mittels Samen vermehren (Weidenröschen, Ackerdistel, Brennessel), so wird vollkommen begreiflich, weshalb die Waldvegetation schnell ihre Vorherrschaft verliert und nur im Schatten des jungen Ausschlags eine Zufluchtstätte findet.

Im zweiten Jahre bilden diese neu entstandenen Pflanzen bereits ganze Gestrüppe, während die früheren Begleiter des Laubwaldes degradiert werden. Es erscheinen Vertreter der Halmpflanzen, wie Segge (Calamagrostis), Rispengras (Poa) und andere.

Während Unkrautformen sich sowohl in quantitativer als auch in qualitativer Beziehung immer mehr entwickeln, beginnen verhältnismäßig langsam sich verbreitende Wiesenformen, z. B. einige Gräser, aufzutreten, deren Samen natürlich nicht so weit und nicht so leicht vom Winde fortgetragen werden wie Samen der Ackerdistel und des Weidenröschens. Wenn der sich schnell zersetzende Waldhumus von Unkrautformen zum großen Teil aufgebraucht ist, beginnt die stärkere Wiesenvegetation das Unkraut zu verdrängen, und nach einiger Zeit würden wir hier zweifellos nur diese antreffen, wenn auf dem Schlage nicht ein für das Leben der Bodendecke äußerst wichtiger Faktor, der schnellwachsende Ausschlag der Holzarten, gegeben wäre. Der Ausschlag gibt den Waldformen die Möglichkeit, sich während der ganzen Veränderungsperiode der Bodendecke auf den Schlägen zu erhalten, wodurch beim Eintritt des Schlusses des Jungbestandes hier fast die gleiche Bodendecke wie unter dem Schirm reifer Bestände vorzufinden ist. Dadurch, daß der Ausschlag den Boden von Jahr zu Jahr immer mehr beschattet, verdrängt er die lichtbedürftige Wiesenvegetation und gibt ihr nicht die Möglichkeit, sich auf Kosten des Unkrauts zu entfalten. Gerade deshalb finden wir die erstere nur auf größeren, vom Ausschlag nicht beschatteten Lichtungen, während schwach beschattete kleinere Lichtungen den Unkrautpflanzen eine Zuflucht bieten. Es können Fälle auftreten, in denen bei dichtem, sich schnell entwickelndem Ausschlag dessen vollständiger Schluß frühzeitig eintritt und dann auf dem Schlage überhaupt keine Bodendecke mit Vorherrschaft von Wiesenformen anzutreffen sein wird.

Somit kann bereits auf Grund des Charakters der einzuschlagenden Bestände geschlossen werden, welche Veränderungen in der Bodendecke des Schlages zu erwarten sind. Wenn wir einen alten einstufigen Bestand vor uns haben, der seine Fähigkeit, Ausschlag zu bilden, fast verloren hat, so werden auf dem Kahlschlage nach einer bestimmten Anzahl von Jahren in der Bodendecke Wiesenformen vorherrschen. Handelt es sich aber um einen mehrstufigen Bestand, dessen dichter Unterstand darüber hinaus aus Holzarten besteht, die imstande sind, reichlich Ausschlag zu bilden, so kann mit Bestimmtheit gesagt werden, daß der Veränderungszyklus nicht groß sein wird. Er wird lediglich in einem vorübergehenden Auftreten von Unkrautformen bestehen. A. A. CHITROWO bemerkt ganz richtig, daß auf stark podsolierten Böden, infolge ihres verhältnismäßig geringen Humusgehaltes, Unkrautformen nicht sehr verbreitet sind. Eine Wiesenvegetation verbreitet sich auf solchen Flächen schneller, da keine starke Konkurrenz besteht und das schwache Wachstum des Ausschlags sich fördernd auswirkt.

Die gewisse Regelmäßigkeit in der Veränderung der Bodendecke auf Schlägen ist keine rein zufällige Erscheinung, sondern sie geht aus dem Wesen der Wechselbeziehungen der Pflanzengesellschaften und der Umwelt hervor. Hieraus ergibt sich die klare Schlußfolgerung, daß sie eine generelle Erscheinung ist, die auf Schlägen stets in diesem oder jenem Stadium festgestellt werden kann.

Der hier aufgezeigte Vorgang der Vegetationsveränderung ist auch tatsächlich auf allen von uns in den Verhauen von Tula untersuchten Schlägen mehr oder weniger scharf ausgeprägt in Erscheinung getreten. In Fällen, in denen die Bodendecke auf einigen Schlägen den Voraussetzungen für diesen Vorgang nicht entsprach, waren die Ursachen dieser Erscheinung klar und der Charakter der Abweichung bisweilen schon vorauszusehen.

Wie bereits erwähnt, verringert sich die Anzahl der Eichen mit dem Alter der Schläge. Das hängt hauptsächlich davon ab, welche Vertreter der Krautdecke und der Baumvegetation auf dem Schlage vorherrschen. Wenn die Grasvegetation vorherrscht, verschwindet die Eiche schneller.

Der unterschiedliche Zustand des Eichenaufschlags auf Schlägen, die Ursachen für sein Eingehen und die Wege seiner Erhaltung können nur durch die These T. D. LYSSENKOS vom Fehlen einer innerartlichen Konkurrenz und gegenseitigen Hilfe und dem Bestehen einer zwischenartlichen Konkurrenz und gegenseitigen Hilfe Erklärung finden.

Als Hauptfeind der Eiche und ihrer Begleiter tritt auf dem Schlage die Grasvegetation auf. Zwischen der Eiche und ihren Begleitern scheint auf Schlägen eine gegenseitige Hilfe im Kampfe mit Gräsern von Bedeutung. Wie aus Tabelle 8 ersichtlich ist, haben unsere Untersuchungen gezeigt, daß auf Plätzen, auf denen die Eiche von Gras umgeben ist, sie einen zwei- bis dreimal geringeren Zuwachs als inmitten einer Vegetation aus Waldpflanzen aufweist und doppelt so stark unter Frost gelitten hat. Inmitten einer Grasvegetation hat die Eiche gelbgrüne, ätiolierte Blätter, inmitten einer Waldvegetation aber dunkelgrüne Blätter. Im Grase haben die Jungeichen im Sommer stärker unter Sonnenbrand gelitten.

Die typische Krautvegetation des Eichenwaldes kann kein Feind der Eiche sein. Sie hat zusammen mit der Eiche einen gemeinsamen Feind — die Halmpflanzen. Da, wo die Krautvegetation des Eichenwaldes gut entwickelt ist, wird auch die Eiche gut wachsen, wenn sie von oben nicht beschattet wird.

Tabelle 8

Elemente der Gegenüberstellung	Alter	Höhe cm	Jahreszuwachs in cm		Größe der Krone in cm		Färbung des Laubes
			1918	1947	N—S	O—W	
Eiche inmitten von Gräsern	5—8	30—100	8	6	40	30	gelbgrün
	9—11	80—160	15	16	50	50	gelbgrün
Eiche inmitten von Gräsern und Waldvegetation	5—8	50—150	23	20	60	70	grün
	9—11	150—250	26	24	70	60	grün
Eiche inmitten einer Waldvegetation	5—8	50—150	25	25	50	50	dunkelgrün
	9—11	150—300	30	34	80	70	dunkelgrün

Nach Untersuchungen A. A. CHITROWOS betrug die Höhe der Jungeichen auf Schlägen der Verhaue von Tula inmitten von Gräsern im Durchschnitt 14—15 cm, inmitten von Weidenröschen 33 cm und inmitten von Giersch 52 cm. Giersch kann als Beispiel für eine Pflanze gelten, die die Verjüngung der Eiche fördert, der Eiche als mikroklimatischer Schutz gegen Frost dient, sie mit einem „Pelz" umhüllt und zugleich in die Höhe treibt.

Während der Sommerhitze des Jahres 1926 fiel im Nowomoskauschen Forstamt im Gebiet Dnjepropetrowsk auf, daß die Jungeichen ein mehr oder weniger frisches Aussehen nur im Schutz des sie beschattenden Unkrauts hatten (M. E. TKATSCHENKO).

Der Gesamteinfluß der lebenden Bodendecke auf den waldbaulichen Zustand führt unvermeidlich dazu, daß diese sich als einer der wichtigsten, den Verjüngungsverlauf bestimmender Faktor erweist, von dem die Bildung und Entwicklung des Aufschlags bei der Naturverjüngung sowie die Kosten und der Erfolg der Kulturen bei einer künstlichen Verjüngung abhängen.

In den Verhauen von Tula wurden im Forstamt Jarzewo Kulturen nach dem Verfahren von OGIJEWSKI begründet. Auf jedem Platz (2 × 1) wurden 25 Sämlinge ausgepflanzt: der Abstand der Plätze in der Reihe betrug 10 m, der Reihenabstand 8 m.

Von uns wurde das Wachstum der Eiche auf Plätzen untersucht, die sich inmitten von Gräsern, einer Wiesenvegetation und inmitten einer Baumvegetation ohne (bzw. auch mit einigen) Graspflanzen befanden. Die Baumvegetation war noch nicht so weit gewachsen, daß sie die Graspflanzen gänzlich vernichtet hätte. Es hatten sich 30—60 % von diesen noch erhalten. Die Ergebnisse sind in Tabelle 9 dargestellt.

Tabelle 9

Zustand der Eichen auf Plätzen in Abhängigkeit von der Umgebung (Abteilung 148 des Forstamtes Jarzewo)

Elemente der Gegenüberstellung	Eichenplätze ohne Umgebung von Holzarten	Von Holzarten umgebene Eichenplätze
Anzahl der Plätze	15	15
Alter	18	18
Umgebung	Graspflanzen	5 Li, 4 Bi + Ah + Es — Bodendecke: Giersch, Goldnessel, Nelkwurz, Graspflanzen von 30 bis 50 %
Anzahl der ausgepflanzten Sämlinge	25	25
Mittlere Stammzahl auf der Fläche	9,7	11,72
Ausfallprozent	61,3	53,12
Durchmesser am Erdboden in Zentimeter		
maximaler	6,13	7,6
mittlerer	3,20	3,72
minimaler	1,73	1,58
Höhe in Meter		
maximale	3,0	4,52
mittlere	2,36	3,05
minimale	1,48	1,80
Allerstärkste Eichen:		
in der Mitte	59,4 %	33,0 %
am Rande	0	26,4 %

Aus Tabelle 9 geht hervor, daß der Zustand der Eiche auf Plätzen inmitten von Graspflanzen schlechter ist als inmitten einer Baumvegetation und sie dort ein höheres Ausfallprozent hat. Eine von Graspflanzen umgebene Eiche hat einen geringeren Durchmesser und eine geringere Höhe. Das zeugt davon, daß die Eiche und ihre Begleiter sich gegenseitig im Kampfe mit Graspflanzen helfen. Interessant ist, daß in einer Umgebung von Graspflanzen die stärksten Eichen sich im Zentrum des Platzes befinden.

Nach der Mendel-Morganschen „Theorie" ist die innerartliche Konkurrenz deshalb schärfer als die zwischenartliche, weil Individuen der jeweiligen Art gleiche Bedürfnisse haben. Anscheinend müßten sich also die stärksten Jungeichen am

Rande des Platzes befinden. Am Rande sind jedoch die Jungeichen deshalb schwächer entwickelt, weil sie in größerem Maße unter Gras leiden. Auf dem Platze besteht zwischen den Jungeichen weder eine gegenseitige Hilfe noch eine Konkurrenz. — Sie kämpfen aber alle gemeinsam um die Behauptung des gegebenen Territoriums, indem sie Graspflanzen nicht aufkommen lassen.

Wie von uns vorstehend bereits erwähnt, hängen die Intensität und die Form des zwischenartlichen Kampfes und der gegenseitigen Hilfe zwischen den Baum- und Straucharten im Walde von folgenden Faktoren ab: von Umweltverhältnissen, von Erbanlagen der Baum- und Straucharten, insbesondere von Stadien der individuellen Entwicklung der Pflanzen und der Arten und endlich von den Eingriffen des Menschen. So entwickelt sich z. B. in Eichenwäldern der Tatarischen Republik, in den Verhauen von Tula, im Tellermanow-Wald, der Aufschlag bedeutend besser, wenn er in den ersten Jahren unter den Schutz des Haselausschlags gerät, als ohne Unterholz inmitten von Unkrautpflanzen.

In den Verhauen von Tula wurde der Bedeutung der Haselnuß als Konkurrent des Unkrauts bei der Durchführung von Eichenkulturen so große Bedeutung beigemessen, daß in der Vergangenheit zur Begründung der Kulturen nicht gleich nach dem Einschlag des Altholzes geschritten wurde, sondern erst dann, wenn der Schlag sich mit Ausschlag bedeckt hatte.

Bei Untersuchungen im staatlichen Naturschutzgebiet der Verhaue von Tula stellte sich heraus, daß junge Eichenkulturen, die durch Haselnuß und Ausschlag der Begleitholzarten der Eiche vor Sonnenbrand und Frost geschützt waren, zwei- bis dreimal schneller als freistehende Jungeichen wachsen.

Wenn im weiteren Verlauf keine Pflege der Eiche erfolgte, so wucherte die Haselnuß, in einigen Fällen in 4—5 Jahren so stark, daß nicht nur eine Wuchsstockung der Eiche eintrat, sondern diese sogar vollständig zugrunde ging. Hieraus schloß GUSOWSKI vollkommen richtig auf die praktische Bedeutung des Haselnuß-Unterholzes in Eichenwäldern bei dessen periodischer Läuterung zugunsten der Eiche.

Wir haben in der Abteilung 148 des Forstamtes Jarzewo der Verhaue von Tula untersucht, wie die Eiche ohne Treibholz, mit Akazie als Treibholz und mit Haselnuß als Treibholz unter sonst gleichen Verhältnissen wächst.

Die Kulturen wurden 1940, nach Abtrieb eines 200jährigen Bestandes, angelegt. Ausschlag ist daher nur selten, in Form von Linden- und Haselnußnestern und mit einem Schlußgrad von 0,2 anzutreffen. Die Bodendecke des Schlags besteht aus Gräsern und Wiesenpflanzen.

Als Pflanzgut wurden zweijährige Sämlinge verwendet. Der Reihenabstand beträgt 6 m, der Pflanzenabstand in der Reihe 1 m. Zu beiden Seiten der Eichenreihe befinden sich in einem Abstand von 1 m in der einen Variante Haselnuß, in der anderen Sträucher und zwar der Erbsenstrauch (in jedem Strauch je 7—9 Stämme). Der Abstand zwischen den Sträuchern beträgt 1 m. Die Akazie und die Haselnuß wurden in den ersten Jahren auf den Stock gesetzt. Wo dies bei der Akazie nicht erfolgte, hat sie sich schlecht entwickelt. Die Untersuchungsergebnisse sind in Tabelle 10 dargelegt.

Tabelle 10

Wachstum der Eiche in Abhängigkeit von einem Treibholz (Abteilung 148 des Forstamtes Jarzewo)

Treibholz	Höhe	Jahreszuwachs in cm			Größe der Krone in m		Durchschn. Anzahl der Fröste
		1948	1947	1946	Längs zur Reihe	Quer zur Reihe	
Ohne . . .	1,3	15	11	13	1,0	0,8	3
Haselnuß . .	2,12	45	30	25	1,0	0,8	2
Erbsenstrauch	3,0	60	50	50	0,7	0,8	1

Ein besseres Wachstum der Eiche mit Akazie kann unserer Ansicht nach darauf zurückzuführen sein, daß die Akazie stärker und schneller in die Breite wächst und schneller die Grasvegetation vernichtet, gleichzeitig aber die Eiche im Wachstum überholt. Auf Grund unserer in geringem Umfange durchgeführten Bodenuntersuchungen hat sich erwiesen, daß die Akazie die physikalischen Bodeneigenschaften verbessert und auch ein nicht so in die Tiefe gehendes Wurzelsystem wie Eiche und Haselnuß bildet. Unter den gegebenen Verhältnissen wächst die Eiche mit gelber Akazie 2,5mal schneller als inmitten von Graspflanzen und 1,5mal schneller als mit Haselnuß. Im weiteren Verlauf beginnt die Haselnuß die Eiche zu unterdrücken, während dies durch die gelbe Akazie nicht der Fall ist. Gerade das Gegenteil tritt ein, die Eiche beginnt die gelbe Akazie zu bedrängen. Die Rolle des Treibholzes aber übernimmt an ihrer Stelle, wenn man sich so ausdrücken kann, die Esche, die in einem Abstand von 3 m von der Eichenreihe gepflanzt ist.

Auf den Probeflächen haben wir 150—200 von verschiedenen Holzarten umgebene Jungeichen in verschiedenen Entwicklungsstadien vermessen und dabei festgestellt, daß der stärkste Zuwachs bei der Eiche dann erfolgt, wenn die umgebenden Holzarten so weit geschlossen sind, daß sich eine Vegetation von Waldpflanzen bildet und gleichzeitig das obere Viertel der Eichenkrone für die Belichtung offen ist.

In Eichenbeständen mit Aspe tritt der Zeitpunkt der Unterdrückung der Eiche durch die Aspe schneller ein, als wenn sie zusammen mit Haselnuß, Esche, Linde und anderen Holzarten wächst. Das erweist sich als besonders nachteilig bei einer stammweisen Mischung von Eiche und Aspe.

Aus den vorstehenden Ausführungen geht klar hervor, daß die Eiche früher oder später zu kränkeln beginnt und eingeht, wenn sie von Gras, Rasenpolstern und Halmpflanzen umgeben ist. Auf nicht vergrastem Boden wachsen die Bäume gut. Gras und Halmpflanzen sind der erbittertste Feind der Waldbäume. Sobald sie auftreten, verdämmen sie die jungen Bäume. Erstaunlich ist, daß Gras und Halmpflanzen 2 und sogar 5 m hohe Bäume verdämmen können.

Wilde Steppenpflanzen, wie Quecke und andere, können mit Waldbäumen ringen. Allerdings besteht auch die Möglichkeit, daß unter Verhältnissen, wie sie in der freien Natur gegeben sind, Waldbäume und Steppenpflanzen in einen Kampf treten. Die wilde Steppenvegetation, insbesondere Quecke und einige andere Arten von Graspflanzen, sind erbittertste Gegner der Waldbäume. Wenn bei Bäumen der Kronenschluß erreicht ist und der Boden infolgedessen beschattet wird, kommen die lichtbedürftigen Gräser um. Erfolgt dieser nicht, verursachen die Gräser ihr Eingehen.

Die Ursache dafür ist meist auf eine Vergrasung zurückzuführen. Dabei kommt es zu einer dichten Verflechtung der Wurzeln der Gräser, die auf der einen Seite die Entwicklung der Eichenwurzeln mechanisch behindert, auf der anderen Seite aber den Boden tief austrocknet und die Eiche scheinbar durch Feuchtigkeitsentzug zum Absterben bringt. Die Wurzeln der Eiche dringen aber bedeutend tiefer als die der Gräser in den Boden ein. Daher ist im wesentlichen die Ursache für das Eingehen nicht in einem Feuchtigkeitsentzug durch die Gräser zu sehen. Als Beispiel können Gebiete angeführt werden, wo Bodenfeuchtigkeit ausreichend vorhanden ist, in denen es oft regnet. Sobald aber Graspflanzen um die Jungeichen herum erscheinen, beginnen diese zu kümmern.

T. D. Lyssenko führt das darauf zurück, daß Ausscheidungen der Graswurzeln für Baumwurzeln giftig sind. Davon ausgehend empfiehlt er, in Waldstreifen in jedem Fall eine Bodenvergrasung zu verhindern. Sobald eine Bodenvergrasung zugelassen wird, kommen die jungen Bäume nach 1—3 Jahren um.

Das Nesterverfahren bei der Eichenkultur

In Zusammenhang mit dem historischen Plan der Umgestaltung der Natur der Steppen durch Begründung von Ackerschutz-Waldbeständen ist von T. D. Lyssenko 1948 das Nesterverfahren für die Anlage von Waldstreifen empfohlen worden. Das Wesentliche des vorgeschlagenen Verfahrens ist die nesterweise Aussaat der einzelnen Hauptholzarten, eine geordnete flächenmäßige Verteilung dieser Nester, damit es möglich ist, bei Anwendung der üblichen Bekämpfungsverfahren gegen die wilde Grasvegetation, Saaten oder Pflanzungen einjähriger landwirtschaftlicher Kulturpflanzen durchzuführen.

In diesem Zusammenhang ist das Studium der bei der Eichenanzucht gemachten Erfahrungen und insbesondere der Versuche OGIJEWSKIS mit dichten Plätzekulturen, die in den Verhauen von Tula auf Hunderten von Hektaren durchgeführt worden sind, von besonderem Interesse. Der Versuch OGIJEWSKIS ist nicht nur von praktischer, sondern auch von großer theoretischer Bedeutung.

T. D. LYSSENKO schreibt: „Der Versuch OGIJEWSKIS mit dichten Waldpflanzungen auf kleinen Plätzen spricht nicht nur dafür, diesen Versuch für unsere praktische Arbeit auszuwerten. Er zeugt auch davon, daß dem Begründer dieses alten Verfahrens durch Beobachtung der Lebensvorgänge im Walde klar war, daß in der Natur keine innerartliche Konkurrenz besteht, eine zwischenartliche aber vorhanden ist. In der Wissenschaft aber bleiben die falschen Thesen bestehen."

An der gleichen Stelle heißt es weiter: „OGIJEWSKI sah und wußte, daß in der Waldzone als Hauptfeind der Eiche die Aspe auftritt. Um die Eiche vor dieser zu schützen, säte er sie in dichten Plätzen aus, in der Hoffnung, daß eine größere Anzahl von Eichenkeimlingen auf einem kleinen Platz den Druck anderer Arten aushält. Bekanntlich ist dieser Versuch OGIJEWSKIS vorzüglich gelungen."

Bevor wir zur Darstellung der Ergebnisse dieser Versuche kommen, betrachten wir noch kurz die Verhältnisse, unter denen OGIJEWSKI die Anwendung dieses Verfahrens empfahl.

„Die dichte Plätzekultur bei der Eiche stellt ein Verjüngungsverfahren dar, das als logische Folge des Gesamtverlaufs des Kulturwesens der Verhaue von Tula erscheint" — schreibt W. D. OGIJEWSKI. In den Verhauen von Tula wurde zur Zeit OGIJEWSKIS die Eiche ausschließlich künstlich verjüngt. Die Naturverjüngung konnte trotz der verständnisvollen Einstellung der Forstwirte infolge seltener Mastjahre, eines Mangels an reifen Eichenbeständen und unzulänglich ausgearbeiteter Wirtschaftssysteme in Eichenwäldern keine Verwirklichung finden.

Mit der Begründung von Kulturen wurde in den Verhauen von Tula 1848 begonnen. Da diese aber nicht gepflegt wurden, sind die meisten eingegangen. Seit 1864 haben sämtliche Betriebsregelungen hervorgehoben, daß die Kulturen unter Verdämmung durch Ausschlag und Gras leiden und eine Pflege erfordern. Ungeachtet dessen unterblieb bis zu den neunziger Jahren eine geregelte Pflege der Eiche. Um deren Pflege mit dem Ziel eines Schutzes vor Verdämmung durch Gras und Ausschlag zu erleichtern, schrieb die Betriebsregelung von 1884 wie auch die beratende Kommission 1889 vor, Pflanzungen mit starken, nicht unter 0,75 m hohen Pflanzen durchzuführen. Saaten konnten nur in begrenztem Umfang ausgeführt werden. Hinsichtlich der Pflege wurde auf diesen Besprechungen festgelegt, mit dieser im zweiten Jahre nach der Begründung der Kultur zu beginnen und sie je nach Bedarf fortzusetzen. Die Pflege mußte hauptsächlich im Abbrechen, Beschneiden und im Aushieb des die Kulturen verdämmenden Ausschlags von Weichhölzern bestehen.

A. P. MOLTSCHANOW beobachtete, daß bei Auspflanzen der Eiche auf einer Schlagfläche unmittelbar nach dem Holzeinschlag, wenn sich also noch kein Ausschlag gebildet hat, die ohne Schutz frei stehenden Eichensämlinge im Frühjahr einmal zeitig Triebe entwickeln, die durch Spätfröste beschädigt werden, zum anderen sich stark verzweigen und die Form eines ästigen Strauches annehmen. Jungeichen, die sich inmitten von Ausschlag befinden, der ihnen einen „Seitenschutz" gewährt, entwickeln sich aber demgegenüber rasch zu guten, schlanken Bäumchen, die jährlich gute Wipfel- und Seitentriebe bilden.

Auf Grund dieser Beobachtungen machte A. P. MOLTSCHANOW einen Vorschlag, der eine große Rolle in der Geschichte des Kulturwesens der Verhaue von Tula spielte.

Um der Eiche das erforderliche „Treibholz" zu geben, schlug A. P. MOLTSCHANOW vor, Pflanzungen nicht sofort nach dem Einschlag, sondern 2—3 Jahre später durchzuführen, wenn der Schlag sich mit Ausschlag verschiedener Baum- und Straucharten mit einer Höhe von 1 m und mehr überzogen hat. Nach Pflanzung der Eiche auf einen bewachsenen Schlag begann er mit der Pflege der gesäten oder gepflanzten Eichen bereits im zweiten und nicht später als im dritten Jahre nach der Kulturbegründung. Die Pflege bestand in folgendem: In den Pflanzreihen und um die Eichen herum wurde vom zweiten und dritten Jahre an der ganze Ausschlag der Weichhölzer sowie des Unterholzes, das die Kronen der Eichen zu beschatten begann, geknickt, beschnitten, in einzelnen Fällen aber auch ausgehauen. Der Aushieb des Ausschlags wurde je nach Entwicklung der Eichen fortgesetzt. Nach 2—3 Jahren entstanden entlang der Eichenreihen Korridore, die von unberührten Waldstreifen gebildet wurden. In den Korridoren zeichneten sich von einem mäßigen „Pelz" umgebene starke, gesunde Jungeichen zusammen mit anderen Wertholzarten, wie z. B. Esche, ab, die eine intensiv grüne Belaubung und eine glänzende Rinde hatten.

Nach einigen Jahren der „Korridorpflege" wachsen die Nebenholzarten in den Zwischenreihen stark hervor, überdecken mit ihren Zweigen die Eiche in den Korridoren und beginnen bereits deren Entwicklung zu hemmen. Zu dieser Zeit, d. h. 6—7 Jahre nach der Begründung der Kultur, wird zu einer Pflege übergegangen, die als Verjüngung des Bestandes bezeichnet wird. Dieses Pflegeverfahren, das hauptsächlich von A. J. USPENSKI im Forstamt Krjukowo ausgearbeitet wurde, besteht darin, daß von Weichholzarten, bisweilen aber auch von Hartholzarten, die entwickelteren Bäume herausgeschlagen und schwächere belassen werden, wodurch der Bestand sozusagen jünger wird. Die Stöcke der eingeschlagenen Bäume bilden sofort wieder Ausschlag, und nach dem bildhaften Ausdruck A. J. USPENSKIS wird durch den Einschlag des starken Baumes dessen Krone, die sich über der Eiche befand und diese verdämmte, gesenkt, um den Boden zu beschatten und der Eiche nützlich zu sein.

Nach Entfernung der schädlichsten Exemplare der Nebenholzarten aus den Zwischenstreifen senkte sich die mittlere Höhe des Bestandes auf dem Schlage. Die ganze Fläche erweckte den Eindruck, als ob das Alter des Jungholzes sich verringert hätte, weshalb diese Maßnahme auch die Bezeichnung „Verjüngung" erhalten hat. Auf besseren Böden, auf denen an Stelle von Birke und Aspe viel Esche, Linde, Ahorn, Ulmen und von Treibhölzern Haselnuß vorhanden war, wurde die Verjüngung später durchgeführt.

Somit besteht das für die Verhaue von Tula auch jetzt noch typische Verfahren der Anlage von Eichenkulturen in folgendem: 2—3 Jahre nach dem Holzeinschlag, wenn der Schlag sich mit Ausschlag überzogen hat, wird die Eiche in Reihen gepflanzt oder gesät, wobei der Reihenabstand 4 m und der Abstand in der Reihe etwa 1 m beträgt. Dieses Verfahren wird zum Unterschied von der dichten Plätzekultur als Reihenkultur bezeichnet. Anfangs wird zur Pflege der Eiche das Korridorverfahren angewandt und später zum Verjüngungsverfahren übergegangen. Dank der Anwendung dieses Pflegeverfahrens während einer Reihe von Jahren sind in den Verhauen von Tula vorzügliche Eichenbestände entstanden.

Dem Korridor-Kultur- und Pflegeverfahren haften aber auch eine Reihe grundsätzlicher Mängel an, die von W. D. OGIJEWSKI erkannt wurden. So wird z. B. an die Begründung der Kultur 2—3 Jahre nach dem Einschlag geschritten, wenn der Schlag sich mit Ausschlag überzogen hat, der der Eiche im Kampf mit ihrem erbittertsten Feind — der Grasvegetation — Hilfe erweist. Eine solche Verzögerung der Kulturbegründung hat jedoch auch ihre negativen Seiten. Beispielsweise geht ein zwei- bis dreijähriger Zuwachs der Eiche verloren. Außerdem werden infolge des nicht genau zu bestimmenden Zeitraumes, in dem der Schlag für die Kultur heranreift, Schwierigkeiten für wirtschaftliche Berechnungen hervorgerufen. Der größte Nachteil besteht aber darin, daß bei einer stammweisen Mischung der Eiche mit anderen Holzarten die zwischenartliche Konkurrenz sehr schwer zu lenken ist. Nur dank dem Umstand, daß ein Pflegeverfahren aus dem Gartenbau angewandt wurde, haben sich die nach der Moltschanowschen Methode begründeten Eichenbestände retten lassen.

W. D. OGIJEWSKI kam auf den Gedanken, ein Verfahren anzuwenden, das, ohne der Eiche in den ersten Lebensjahren die Möglichkeit eines Kampfes mit Gras und anderen Unbilden auf dem Schlage zu nehmen, gleich nach dem Holzeinschlag die Begründung von Kulturen ermöglichte. Um sämtliche Mängel des Korridorverfahrens auszuschalten, schlug er sein als dichte Plätzekultur bekanntes Verfahren vor, das in direktem Gegensatz zur Reihenkultur steht.

Die dichte Plätzekultur wird auf folgende Weise ausgeführt: Auf 1 ha werden etwa 200 2×1 m große Plätze angelegt und auf jeden dieser Plätze 50 bis 100 Eichen gesät oder 25—50 ein- bis zweijährige Eichen gepflanzt. Dabei ist vorgesehen, von der Gesamtzahl der Jungeichen des betreffenden Platzes in der Zukunft nur eine gute Eiche zu erhalten. Die sich auf den Plätzen in dichten Gruppen befindenden jungen Eichen beginnen bald den Boden zu beschatten und auf diesem die Bildung einer Grasvegetation zu verhindern. Gleichzeitig leiden sie dank der dichten Stellung weniger unter Frost, indem sie sich Temperaturverhältnisse schaffen, die die Einwirkung kalter Luftströme und eine starke Wärmeausstrahlung ausschließen. In den ersten Jahren nach der Begründung dichter Plätzekulturen empfiehlt W. D. OGIJEWSKI ein Jäten des Grases zwischen den Eichen und eine Bodenlockerung um die Saat- und Pflanzplätze herum. Wenn aber eine derartige Pflege auch unterlassen wird, so leidet die Kultur dadurch nicht oder bedeutend weniger als Eichen in der Reihenkultur, bei der die Jungpflanzen einzeln mit Gras, Ausschlag und sonstigen Unbilden auf dem Schlage kämpfen müssen.

Mit der Pflege dichter Plätzekulturen kann später als mit der von Reihenkulturen begonnen werden, wobei eine Wiederholung nicht so oft erforderlich ist, da hier nicht einzelne Eichen, sondern einzelne Nester, die zahlenmäßig geringer sind, zu pflegen sind.

Wenn die dichte Plätzekultur ein Alter von 10 bis 15 Jahren erreicht hat, schlug W. D. OGIJEWSKI eine Auslichtung der Eichen auf den Saat- oder Pflanzplätzen vor. Dabei wählte er fünf der besten mehr oder weniger gleichmäßig verteilte Eichen aus [1]) und empfahl, um diese herum die Jungeichen zu entfernen, die weniger erfolgversprechend erscheinen. Erwägungen, die für die OGIJEWSKIsche dichte Eichenplätzekultur sprechen, werden durch Untersuchungsergebnisse der von ihm in den Jahren 1895—1900 angelegten Probeflächen bekräftigt. Die ältesten Kulturen hatten ein Alter von 17 Jahren. Die Probeflächen wurden von OGIJEWSKI in Eichen-Linden und Linden-Eichen-Beständen der Abteilungen 151, 152, 196, 197, 146, 234, 169 und 156 des Forstamtes Krjukowo, 139 des Forstamtes Podgorodnoje und 147 und 159 des Forstamtes Krapiwenskoje angelegt.

Um den Wachstumsverlauf der Eiche auf den Probeflächen zu verfolgen, wurden von W. D. OGIJEWSKI die auf diesen wachsenden Eichen jährlich gemessen. In Reihenpflanzungen wurden sämtliche Jungeichen, in Reihensaaten die beste Eiche jedes Platzes und in dichten Plätzekulturen fünf der bestentwickelsten Eichen vermessen.

In den Verhauen von Tula sind nach dem Verfahren von W. D. OGIJEWSKI 700 ha Wald begründet worden, während 26 000 ha nach dem Reihenverfahren,

1) Bei nachfolgenden Auslichtungen wird sich die Zahl der auserwählten Jungeichen stetig verringern, bis ein oder zwei übrig bleiben.

d. h. mit Eiche in Einzelmischung, kultiviert sind. Das Alter der OGIJEWSKIschen Kulturen beträgt 30—50 Jahre, während das der Eichenkulturen in den Verhauen von Tula 145 Jahre erreicht.

Über Kulturen der Verhaue von Tula, die sowohl nach dem OGIJEWSKIschen Verfahren als auch nach dem üblichen Reihenverfahren angelegt wurden, ist eine zahlreiche Literatur vorhanden, die eine kritische Bewertung dieser Verfahren gibt. Außer der Arbeit W. D. OGIJEWSKIS kann noch auf Arbeiten von S. A. SAMOFAL, W. W. POPOW, J. P. PRJACHIN und anderer hingewiesen werden. Auf die Untersuchungen der genannten Verfasser kommen wir noch in weiteren Ausführungen zurück.

Von uns wurden Probeflächen in der Abteilung 107 des Naturschutzgebietes von Tula und in den Abteilungen 147, 148 und 161 des Forstamtes Jarzewo angelegt. Die Boden- und Wuchsverhältnisse dieser Abteilungen sind in den Mitteilungen des forstlichen Versuchswesens der Verhaue von Tula ausführlich beschrieben. Hier weisen wir lediglich darauf hin, daß der Boden der Abteilung 107 des staatlichen Naturschutzgebietes am stärksten podsoliert ist. In der Abteilung 147 des Forstamtes Jarzewo sind die Kulturen in offenem Gelände begründet worden. Das Alter der Kulturen liegt zwischen 18 und 50 Jahren. In jeder Abteilung befinden sich die dichte Plätzekultur und die Reihenkultur nebeneinander, so daß sämtliche Voraussetzungen gleich sind.

Auf den genannten Probeflächen wurde der Zustand der Eiche in der dichten Plätzekultur (bei gruppenweiser Mischung) und in der Reihenkultur (bei Einzelmischung) untersucht.

Die Methodik der Arbeit ist im entsprechenden Abschnitt beschrieben worden.

Vergleich der dichten Plätzekultur mit der Reihenkultur

Professor W. D. OGIJEWSKI hat die dichte Plätzekultur im Hinblick auf das Wachstum stets für erfolgreicher als die Reihenkultur betrachtet.

In Tabelle 11 sind vergleichende Untersuchungsergebnisse OGIJEWSKIS über das Wachstum der Eichen-Plätzekulturen und der Eichen-Reihenpflanzungen für die Jahre 1901—1911 aufgeführt. Wir geben diese Tabelle unverändert wieder.

Wie aus Tabelle 11 ersichtlich ist, hat die dichte Plätzekultur im Vergleich zur lichteren Reihenkultur im Laufe von 11 Jahren eine bedeutend bessere Entwicklung der Eiche gewährleistet. Die vorstehend erwähnten Untersuchungen führte OGIJEWSKI in der Abteilung 196 (Zusammensetzung des Ausschlags: Aspe, Haselnuß, Linde, Ulme, Ahorn, Heckenkirsche u. a.) des Forstamtes Krjukowo durch. Die Kulturen wurden mittels Eichenpflanzungen im Jahre 1900 begründet. Den Standortsverhältnissen nach galt diese Abteilung als eine der schwierigen.

Tabelle 11

Die dichte Plätzekultur im Vergleich zur Reihenkultur

Untersuchungsjahr		1901	1902	1903	1905	1906	1907	1908	1911
Alter		3	4	5	7	8	9	10	13
Durchmesser am Erdboden in Millimeter	Dichte Plätzekultur . . .	5	8	11	14	21	24	20	35
	Reihenkultur .	3	5	7	9	13	14	12	22
Höhe in Zentimeter	Dichte Plätzekultur . . .	33	51	73	102	129	194	—	358
	Reihenkultur .	19	27	39	49	63	101	144	207

Um ein vollkommen objektives Maß für den Vergleich der dichten Plätzekultur mit der Reihenkultur zu geben, hat W. D. OGIJEWSKI Formzahlen dieser Kulturen einander gegenübergestellt. Die Formzahlen charakterisieren die Vollholzigkeit des Stammes. Stämme sind aber um so vollholziger, je mehr sie sich von Ästen reinigen. Die Formzahlen hat er nach fünf mittleren Probestämmen jeder Kultur berechnet. In Tabelle 12 sind die Ergebnisse gegenübergestellt. Hier werden Durchschnittszahlen der dichten Plätzekultur mit solchen der Reihenkultur verglichen, wobei auf jedem Platz der dichten Kultur nur eine entwickeltere Jungeiche in Betracht gezogen wurde.

Tabelle 12

Gegenüberstellung der Formzahlen der dichten Plätzekultur und der Reihenkultur

Kulturverfahren	Alter	Durchmesser in mm	Höhe in cm	Formzahlen		
				höchste	kleinste	mittlere
Dichte Plätzekultur . .	10	19	208	438	339	402
Reihenkultur	10	19	195	351	292	322
Dichte Plätzekultur . .	11	30	335	462	354	391
Reihenkultur	10	30	298	404	326	364

Aus Tabelle 12 ist ersichtlich, daß die dichte Plätzekultur nicht nur zu keiner Senkung der Durchmesser und Höhen geführt hat, sondern daß die Höhen sich im Gegenteil als größer im Vergleich zur lichteren Reihenkultur erwiesen haben.

In Tabelle 13 ist der Verlauf des Höhenwachstums in Abhängigkeit von der Saatdichte auf Grund 13jähriger Untersuchungen OGIJEWSKIS aufgezeigt.

Die Zahlen der Tabelle 13 zeugen von einem intensiveren Höhenwachstum der dichten Eichenkultur in diesem Zeitabschnitt.

Wie unsere Untersuchungen gezeigt haben, wächst die Eiche nicht nur im Jugendalter in der dichten Plätzekultur besser als in der Reihenkultur. Zum Vergleich des

Tabelle 13

Verlauf des Höhenwachstums der Eiche bei dichter Plätzekultur und Reihenkultur nach Ogijewski)

Nr. der Probefläche	Kulturverfahren	Jahr der Kulturbegründung	Alter												
			1	2	3	4	5	6	7	8	9	10	11	12	13
			Höhe in cm												
Verhau Podgorodnaja Abt. 139, Prbfl. 2	Dichte Plätzesaat	1895 Herbst	8	18	29	51	76	109	181	246	269	314	399	509	546
Verhau Krjukowo, Abt. 151, Prbfl. 95	Reihensaat	1898 Frühjahr	5	17	33	42	76	116	144	162	179	226	296	–	–

erfolgreichen Wachstums der dichten Plätzekultur mit der Reihenkultur im offenen Gelände kann die in der Abteilung 147 des Forstamtes Jarzewo angelegte Probefläche dienen. Die Kulturen sind im Herbst 1896 auf einer Zinsklauselwiese durch Eichelsaat je 100 Stück pro Platz begründet worden. Daneben befindet sich eine Reihenkultur gleichen Alters unter gleichen Verhältnissen. Die Ergebnisse sind in Tabelle 14 durch Vergleich der Durchschnittswerte der dichten Plätzekultur mit der Reihenkultur gegenübergestellt. Auf jedem Platz der dichten Kultur wurden zur Ermittlung des mittleren Durchmessers und der mittleren Höhe sämtliche jungen Eichen in Betracht gezogen.

Tabelle 14

Vergleich der dichten Plätzekultur mit der Reihenkultur

Kulturverfahren	Alter	Mittlerer Durchmesser in cm	Mittlere Höhe in m	Mittl. Höhe bis z. 1. grünen Ast	Mittl. Höhe bis z. 1. trocknen Ast	Stammzahl je ha	Vorrat je ha	Größe der Krone	
								Längs zur Reihe	Quer zurReihe
Dichte Plätzekultur	52	20,7 ± 0,12	19,0 ± 0,30	10	4,2	620	169,8	5,64	6,06
Reihenkultur	52	18,4 ± 0,22	18,0 ± 0,40	8	3,6	750	112,97	4,32	5,00

Tabelle 14 zeigt anschaulich, um wieviel das Wachstum der dichten Eichenkultur im Vergleich zur Reihenkultur, ungeachtet der geringeren Stammzahl, besser ist.

Der größte Vorzug der dichten Plätzekultur besteht jeweils darin, daß jedes Nest dieser Kultur im Vergleich zu jeder alleinstehenden jungen Eiche der Reihenkultur stärker und widerstandsfähiger im Kampf gegen die Wiesenvegetation wie auch gegen sonstige schädliche Einwirkungen ist.

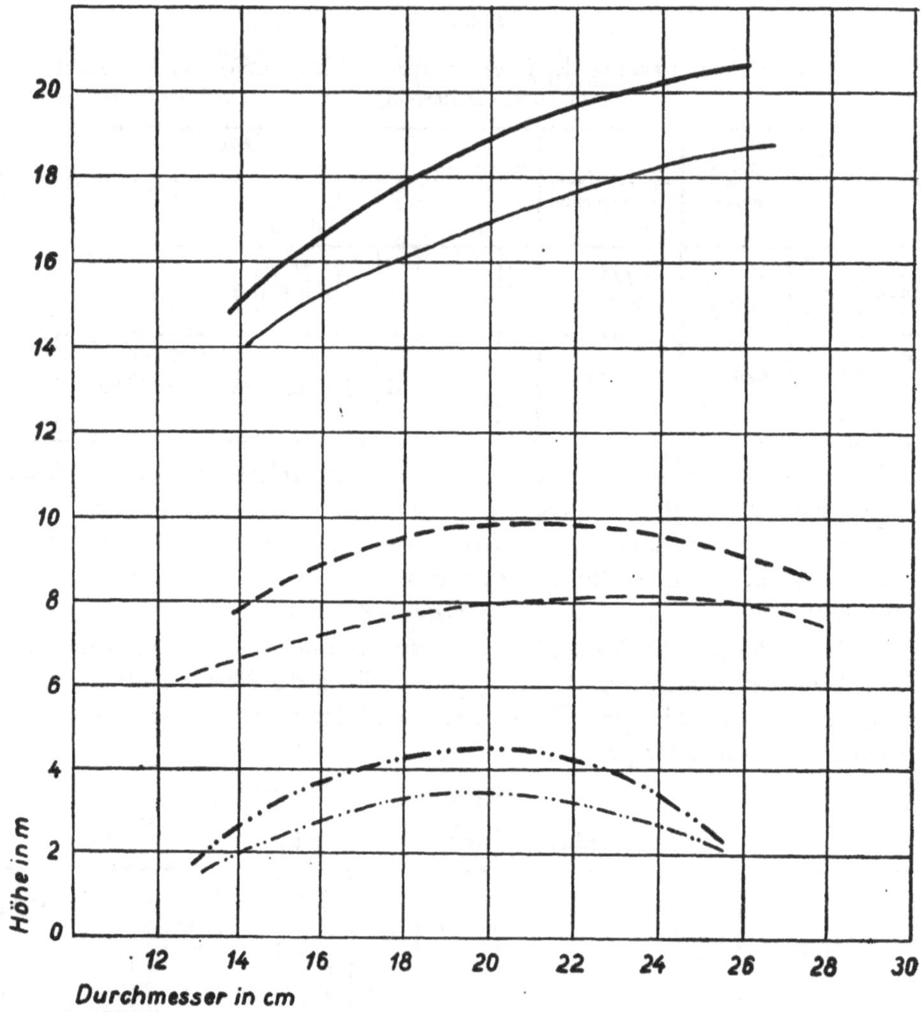

A. Dichte Plätzekultur
——— Höhe
– – – – – Höhe bis zum ersten grünen Ast
—··—··—·· Höhe bis zum ersten trockenen Ast

B. Reihenkultur
——— Höhe
– – – – – Höhe bis zum ersten grünen Ast
—··—··—· Höhe bis zum ersten trockenen Ast

Abb. 2. Gegenüberstellung der Höhen und der Astreinigung in Reihenkulturen und dichten Plätzekulturen (Abt. Nr. 147, Forstamt Jarzewo).

Das Diagramm (Abb. 2) zeigt noch anschaulicher den Vorzug der dichten Plätzekultur hinsichtlich Höhe und Astreinigung im Vergleich zur Reihenkultur.

Der Vorzug der dichten Plätzekultur gegenüber der Reihenkultur nach der Astreinigung kann in der gegenseitigen Beeinflussung der Jungeichen auf dem Platz nach Art des Treibholzes gesehen werden, und indem sie die Grasvegetation vom Platz fernhalten oder ein Eindringen in diesen nur in geringerem Umfang zulassen.

Die Analyse des Wachstumsverlaufs der Probestämme hat gezeigt, daß in der dichten Plätzekultur das Wachstum der Höhe, dem Durchmesser und der Masse nach besser als in der Reihenkultur ist (siehe Abb. 3, 4, 5). Wir haben allerdings nur einen Probestamm je Probefläche entnommen, was unzureichend ist. Da aber

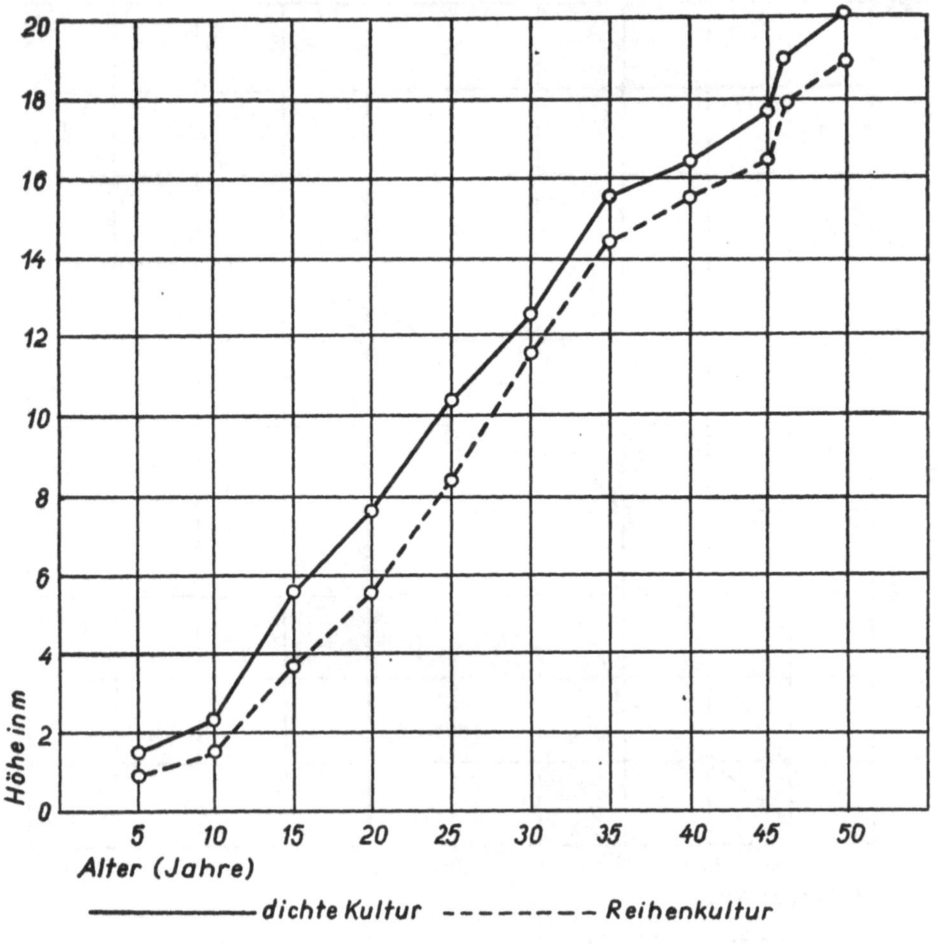

Abb. 3. Gegenüberstellung des Höhenwachstums in Reihenkulturen und dichten Plätzekulturen (Abt. Nr. 147, Forstamt Jarzewo).

in Betracht gezogen wird, daß diese die anderen Angaben bekräftigen, führen wir sie lediglich als ergänzenden Beweis auf.

Aus Abb. 3 geht hervor, daß das Höhenwachstum während der ganzen Zeit, im Laufe von 52 Jahren, in der dichten Plätzekultur bedeutend besser als in der Reihenkultur ist.

Abb. 4 u. 5 zeigen, daß Durchmesser- und Massenwachstum der Eiche in der dichten Plätzekultur im Vergleich zur Reihenkultur anfangs zurückbleiben, später aber diese ein- und überholen.

Aus Abb. 6 ist ersichtlich, daß der laufende und mittlere Massenzuwachs der dichten Plätzekultur bedeutend höher als in der Reihenkultur ist.

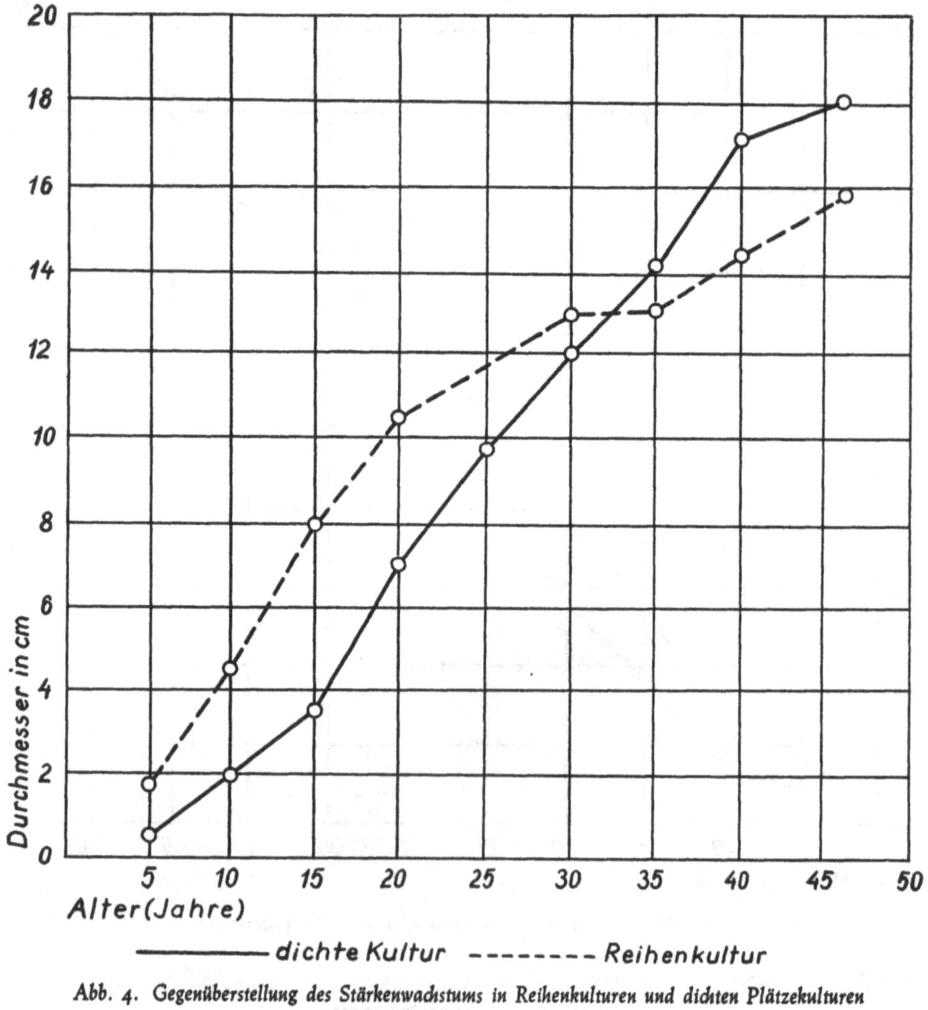

Abb. 4. Gegenüberstellung des Stärkenwachstums in Reihenkulturen und dichten Plätzekulturen (Abt. Nr. 147, Forstamt Jarzewo).

Die vorstehenden Angaben führten wir zum Vergleich der dichten Plätzekultur und der Reihenkultur im offenen Gelände an.

Die dichte Plätzekultur hat hinsichtlich Höhenwachstum und Astreinigung auch auf Schlägen ihren Vorzug. Je ungünstiger die Wuchsverhältnisse sind, um so er-

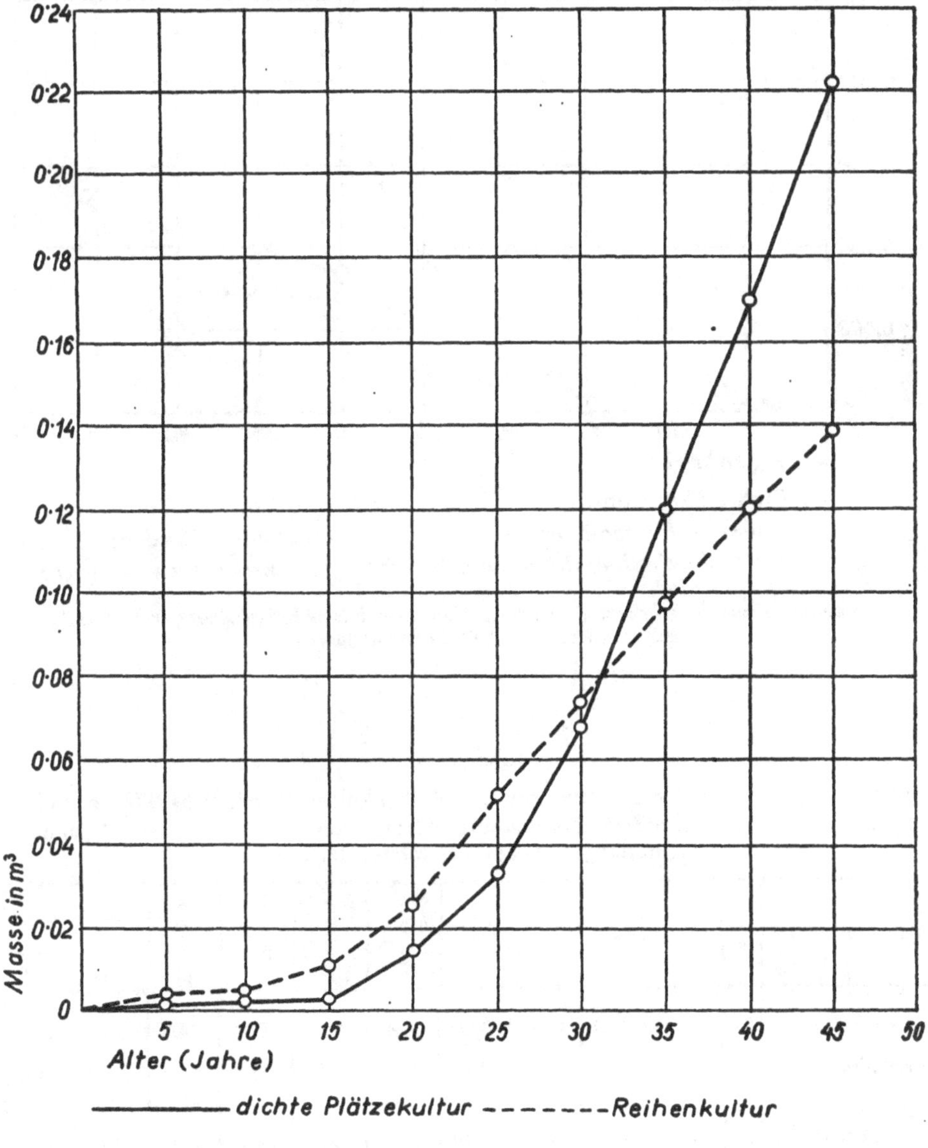

Abb. 5. Gegenüberstellung des Massenwachstums in Reihenkulturen und dichten Plätzekulturen (Abt. Nr. 147, Forstamt Jarzewo).

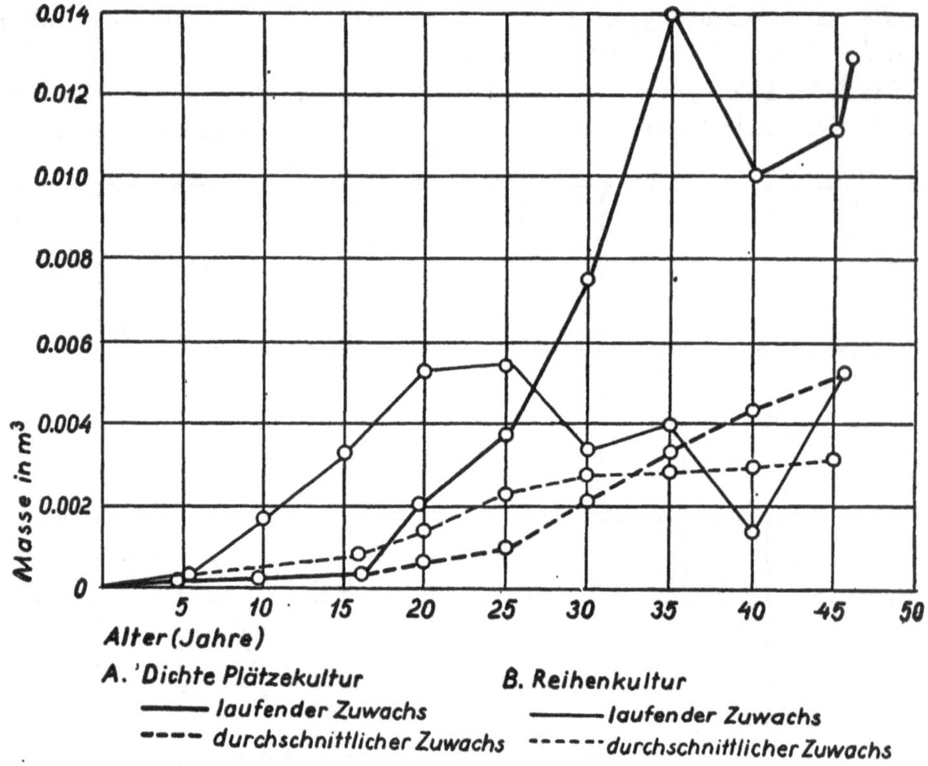

Abb. 6. Gegenüberstellung des laufenden und mittleren Massenzuwachses in Reihenkulturen und dichten Plätzekulturen (Abt. Nr. 147, Forstamt Jarzewo).

Tabelle 15

Vergleich der dichten Plätzekultur mit der Reihenkultur (Probefläche Nr. 3 und 4, Abteilung 107 des staatlichen Naturschutzgebietes von Tula, und Nr. 5 und 6, Abteilung 161 des Forstamtes Jarzewo)

Kulturverfahren	Nr. der Prbfl.	Alter	Mittlerer Durchmesser in cm	Mittlere Höhe in cm	Mittl. Höhe bis z. 1. gr. Ast	Mittl. Höhe bis z. 1. trock. Ast	Stammzahl je ha	Vorrat je ha	Größe der Krone	
									längs	quer
Dichte Plätzekultur	3	37	10,8 ± 0,20	16,8 ± 0,30	9,8	3,4	1007	74,9	2.74	2,62
Reihenkultur	4	37	10.5 ± 0,25	15,0 ± 0,20	8,0	1,2	899	58,9	1,78	2,08
Dichte Plätzekultur	5	31	11,3 ± 0,16	12,0 ± 0,13	6,0	2,8	1850	99,79	2,5	2,5
Reihenkultur	6	35	11,0 ± 0,20	11,0 ± 0,18	5,0	1,4	1500	58,95	2,0	1,80

folgversprechender ist diese (die dichte Plätzekultur) im Vergleich zur Reihenkultur, wie aus Tabelle 15 zu ersehen ist.

Der Vorteil der dichten Plätzekultur im Vergleich zur Reihenkultur im Hinblick auf Höhenwachstum und Astreinigung ist anschaulicher aus dem Verlauf der Kurve der Gesamthöhe und der Höhenkurve bis zum ersten grünen und ersten trockenen Ast ersichtlich (Abb. 7 u. 8).

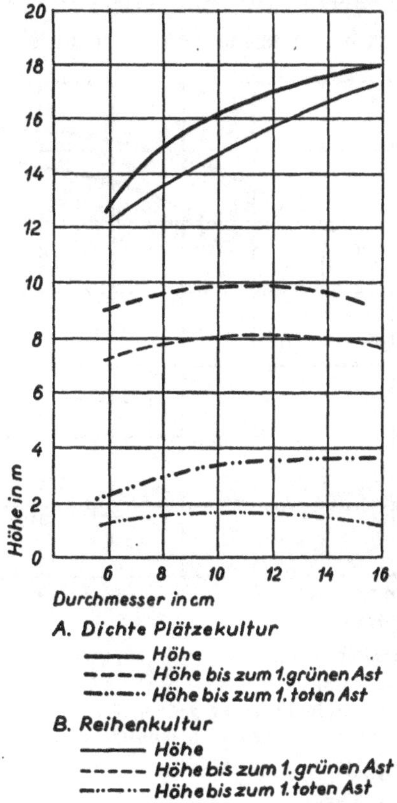

Abb. 7. *Gegenüberstellung der Höhen bis zum 1. grünen und 1. toten Ast in Reihenkulturen und dichten Plätzekulturen (Abt. Nr. 107, Staatl. Naturschutzgebiet Tula).*

Abb. 7 zeigt, daß die dichte Plätzekultur hinsichtlich Höhenwachstum und Astreinigung besser ist. Hier trat als Hauptfeind der Eiche die Aspe auf. Eine Pflege der Eiche wurde nicht durchgeführt. Abb. 8 zeigt ebenfalls das bessere Höhenwachstum und die bessere Astreinigung bei der dichten Plätzekultur.

In der Literatur ist eine Reihe von Hinweisen auf das bessere Wachstum dichter (nesterweiser) Saaten und Pflanzungen zu finden. Erfolgreiche Ergebnisse erzielte der Agronom MOISSEJEW bei der Ausarbeitung von Methoden für Nestersaaten zur Begründung von Waldgärten unter Gebirgsverhältnissen des Transilischen Alatau.

Ungeachtet dessen, daß eine Pflege in allen Fällen nur im Laufe des ersten Jahres durchgeführt wurde und in der Beseitigung des Unkrauts auf den Plätzen und in den Zwischenreihen bestand, war der Zustand der Nestersaaten und Pflanzungen (Aprikosen-Apfelbaum) im Laufe des ganzen zwölfjährigen Wachstums- und Entwicklungszeitraums gut. Weder Wildrosen noch Unkraut und starke Sonnenstrahlung konnten sich negativ auf das Wachstum und die Entwicklung der sich selbst überlassenen Nestersaaten auswirken. Dabei war der Zustand der Rinde an Stämmen der Nestersaaten besser als an vereinzelt am Hang verstreut stehenden.

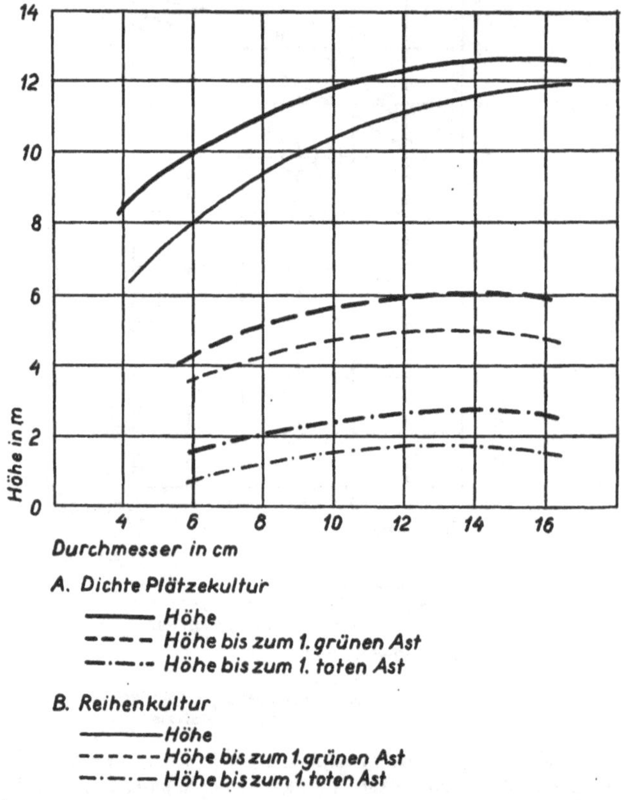

Abb. 8. Gegenüberstellung der Höhen bis zum 1. grünen und 1. toten Ast in Reihenkulturen und dichten Plätzekulturen (Abt. Nr. 161, Forstamt Jarzewo).

Vorzügliche Ergebnisse dichter Nesterkulturen bei der Krim-Kiefer (50—100 Exemplare pro Quadratmeter) hat E. D. GODNEW in Bergen am Südufer der Krim (Leschose Jalta) gefunden.

Die Steigerung der allgemeinen biologischen Widerstandsfähigkeit und als deren Folge die der Lebensfähigkeit der Kiefernkulturen im Kampf mit anderen Arten und ungünstig einwirkenden Naturfaktoren bei größerer Dichte der Kulturen veranschaulichen die Versuchspflanzungen Professor A. P. TOLSKIS auf Sanddünen der Busuluker Heide. Sie sind von Professor W. G. NESTEROW ausführlich studiert und in seinem Artikel „Auswertung der Erfahrungen des Kulturwesens in der Steppenaufforstung“ (Zeitschrift „Agrobiologie“ Nr. 1/1949) beschrieben. Analoge Berichte finden sich auch im Zusammenhang mit einer Reihe anderer Holzarten in der Literatur der letzten Zeit häufig.

Wieviel Pflanzen müssen auf jedem Saat- und Pflanzplatz stehen?

Diese Frage kann nicht generell beantwortet werden. Die Anzahl der Eichenpflanzen auf jedem Saat- oder Pflanzplatz hängt von Umweltverhältnissen ab. Wenn die Eiche sich inmitten einer Grasvegetation befindet, muß die Zahl der Pflanzen größer sein, weil die Wuchs- und Entwicklungsverhältnisse hier ungünstiger sind.

Befinden sich die jungen Eichen in Nestern, widerstehen sie ungünstigen Umweltverhältnissen leichter. Neben den Gräsern erscheint auf Schlägen die Aspe als gefährlicher Feind der Eiche. In solchen Fällen müssen ebenfalls mehr Eichen auf dem Saatplatz sein. Die Gefahr einer zu dichten Pflanzung besteht nicht, da die Eiche, ebenso wie jede andere Art der wilden Waldvegetation, die Fähigkeit besitzt, sich auf natürlichem Wege lichtzustellen. Diese Fähigkeit ist wildwachsenden Pflanzen zur Erhaltung der Art und zur Behauptung des eingenommenen Territoriums von großem Nutzen. Wenn der Mensch z. B. das Ziel verfolgt, auf dem jeweiligen Territorium die Eiche zu erhalten, so muß er dem Beispiel der Natur folgen und möglichst dicht säen oder pflanzen, besonders wenn die Wuchsverhältnisse ungünstig sind. Da wir uns nicht nur die Sicherung der Erhaltung der Art (im gegebenen Fall der Eiche) zum Ziel gesetzt haben, sondern auch bestrebt sind, mehr wertvolles Holz in kürzerer Zeit zu erhalten, müssen wir nicht nur die Natur nachahmen, sondern die Anzahl der Pflanzen auf dem Saatplatz so regeln, daß die Eiche nicht nur auf diesem erhalten bleibt, sondern uns auch das gewünschte Produkt in kürzerer Zeit gibt. Auf die Frage, wieviel Pflanzen auf jedem Saat- oder Pflanzplatz zur Erhaltung der Eichen auf diesem vorhanden sein müssen, kann mit Gewißheit gesagt werden, je mehr, um so besser.

Die Frage nach der Anzahl der Eichenpflanzen auf jedem Saat- oder Pflanzplatz zur Gewinnung einer größeren und qualitativ besseren Holzmenge in kürzerer Zeit ist schwerer zu beantworten. Wir führen einige Zahlen an, die bis zu einem gewissen Grade zur Klärung dieser Frage beitragen.

In Tabelle 16 ist der Verlauf des Höhen- und Durchmesserwachstums der Eiche, in Abhängigkeit von der Pflanzdichte, nach Untersuchungen W. D. OGIJEWSKIS aufgezeigt.

Tabelle 16

Vergleich der Pflanzdichte

Untersuchungsjahr		1901	1902	1903	1905	1906	1907	1908	1911
Alter		3	4	5	7	8	9	10	13
Durchmesser am Erdboden in mm	je 50 Jungeichen	7	9	12	15	23	25	22	37
	je 25 Jungeichen	6	9	12	16	23	26	23	39
Höhe in cm	je 50 Jungeichen	34	55	80	111	131	188	236	355
	je 25 Jungeichen	31	50	76	105	130	184	234	353

Aus Tabelle 16 ist ersichtlich, daß bei einer Pflanzung von 25 Eichen an Stelle von 50 auf einem Platz die Eiche anfangs im Durchmesser- und Höhenwachstum [1]) nachsteht, danach aber die dichte Pflanzung hinsichtlich Durchmesser- im vierten, und Höhenwachstum im achten Lebensjahr einholt. Diese Ergebnisse zeigen, daß es unter dem Gesichtspunkt der Wirtschaftlichkeit möglich ist, bei dichter Plätzekultur auf 2 m² großen Plätzen sich auf eine geringere Stammzahl zu beschränken.

Ähnliche Untersuchungen sind von Professor S. A. SAMOFAL durchgeführt worden, die wir in Tabelle 17 wiedergeben.

Tabelle 17

Wachstum der Eichenkulturen bei verschiedener Anordnung der Saatplätze

Verteilung der Eicheln bei der Aussaat	Sechsjährige Eiche	
	Höhe in m	Durchm. in cm
24 Eicheln auf einem 2 × 1 m großen Platz	0,92 ± 0,02	0,62 ± 0,01
12 Eicheln auf einem 2 × 1 m großen Platz	0,77 ± 0,02	0,51 ± 0,01
Reihensaat in Streifen, Abstand der Eicheln 0,2 m	0,61 ± 0,02	0,37 ± 0.01

Die in Tabelle 17 angegebenen Zahlen ermöglichen, folgende Schlüsse zu ziehen: Im jüngeren, sechsjährigen Alter zeigte sich die Reihenkultur mit einer freieren Verteilung im Vergleich zu anderen Kulturen als weniger entwickelt. Am besten entwickelt waren, sowohl der Höhe als auch dem Durchmesser nach, Jungeichen, die in einem dichteren Schluß, 24 Eichen auf 2 × 1 m großen Plätzen, aufgewachsen waren. Jungeichen, die bei gleicher Dichte, aber in kleineren Horsten und folglich bei stärkerer Belichtung aufwuchsen, waren bedeutend schlechter entwickelt. Unserer Ansicht nach kann das bessere Wachstum der Eiche im dichteren Schluß im Jugendalter darauf zurückgeführt werden, daß die jungen Pflanzen den Boden

1) Zur Berechnung des Mittels wurde nur eine der besten Eichen jedes Platzes gewählt.

schneller beschatten und somit auch ihren Hauptfeind, die Grasvegetation, schneller vernichten. Weiterhin werden, nachdem sie die Grasvegetation vom Platz verdrängt haben, die günstigsten Bedingungen für das Wachstum und die Entwicklung der Jungeichen dann gegeben sein, wenn sie einen Schlußgrad erreicht haben, der die Bildung einer typischen Waldvegetation ermöglicht. Ein Schluß, der die Entwicklung irgendeiner Vegetation nicht zuläßt, kann vom forstwirtschaftlichen Standpunkt aus nicht als zweckmäßig angesehen werden. Bei diesem beginnt eine merkbare natürliche Lichtstellung des Bestandes, die für das Bestehen der Art auf dem jeweiligen Standort wohl sehr nützlich ist, für eine Wuchsbeschleunigung der Eiche aber nicht immer ausreicht. Wir müssen in die Bestände vor Beginn des Prozesses der natürlichen Lichtstellung mit dem Ziel eingreifen, die Bildung einer Grasvegetation zu verhindern, gleichzeitig aber die Entstehung einer Bodenflora, die als natürlicher Begleiter der Eichenwälder erscheint, zu begünstigen.

In Tabelle 18 sind Ergebnisse der Arbeit W. W. POPOWS, die sich mit der Wuchsenergie der Eichenkulturen auf Plätzen mit verschiedener Stammzahl befaßt, aufgeführt. Sie weisen darauf hin, daß bei dichten Plätzekulturen die Höhe der Bäume zunahm, die Durchmesser aber im Vergleich zu weniger dichten Kulturen sanken.

Tabelle 18

Wachstumsvergleich der Eiche auf Plätzen mit verschiedener Stammzahl

Anzahl der Plätze und der Stammzahl auf diesen	Anzahl der vermessenen Stämme	Höhe in m	Durchmesser in cm	Länge der Krone in m
6 Plätze mit 10—14 Stämmen	73	5,16 ± 0,2	4,3 ± 0,13	1,89 ± 0,1
3 Plätze mit 26—30 Stämmen	83	5,27 ± 0,2	3,76 ± 0,2	1,8 ± 0,1

Die Anzahl der Eichenstämme auf Saat- oder Pflanzplätzen, die deren bestes Wachstum gewährleistet, wird in Abhängigkeit von den den Platz umgebenden Pflanzen verschieden sein. In den nachstehenden Tabellen sind Zahlen aufgeführt, die wir bei unseren Untersuchungen der Wuchsenergie der Eichenkulturen auf Plätzen mit verschiedener Stammzahl in den Verhauen von Tula erhielten: in einem Fall (Tabelle 19) bei einer Umgebung von Graspflanzen, im anderen (Tabelle 20) bei einer Umgebung von Holzpflanzen (Linde, Ahorn u. a.).

Aus Tabelle 19 ist ersichtlich, daß dort, wo mehr Jungeichen (11—16) auf dem Platze stehen, die mittlere Höhe sämtlicher Stämme größer, der Durchmesser aber etwas niedriger ist.

Die in Tabelle 20 aufgeführten Zahlen zeigen, daß bei einer Umgebung des Platzes mit einer Baumvegetation die mittlere Höhe und der mittlere Durchmesser dort größer sind, wo weniger (6—9) Stämme auf dem Platze stehen (im Vergleich zu Plätzen mit 14—20 Stämmen).

Tabelle 19

Wachstum der Eiche in Abhängigkeit von der Stammzahl des Platzes (Abteilung 18 des Forstamtes Jarzewo; 18jährige Eichenkulturen)

Anzahl der Plätze und der Stammzahl auf diesen	Anzahl der vermessenen Stämme	Höhe in m			Durchmesser am Erdboden in cm		
		max.	mittel	min.	max.	mittel	min.
6 Plätze: 4—8 Stämme	32	2,85	2,45	1,87	6,7	3,5	2,5
9 Plätze: 11—16 Stämme . .	113	3	2,63	1,23	5,78	2,89	1,16

Tabelle 20

Wachstum der Eiche in Abhängigkeit von der Stammzahl des Platzes (Abteilung 148 des Forstamtes Jarzewo; 18jährige Kulturen)

Anzahl der Plätze und der Stammzahl auf diesen	Anzahl der vermessenen Stämme	Höhe in m			Durchmesser am Erdboden in cm		
		max.	mittel	min.	max.	mittel	min.
6 Plätze 6—9 Stämme . . .	45	4,58	2,96	2,13	7,4	3,50	2,0
5 Plätze; 14—20 Stämme . .	86	4,50	2.92	1,36	6,91	3,50	3,16

Bei Gegenüberstellung der Ergebnisse dieser Kulturen, die in einem Fall von Graspflanzen, im anderen von Holzarten umgeben sind, zeigt sich, daß das Höhen- und Durchmesserwachstum der Eiche auf den Plätzen besser ist, die sich inmitten von Holzarten befinden. Das zeugt von einem verschärften Kampf und einer Konkurrenz zwischen der Eiche und der Grasvegetation sowie dem Vorhandensein einer gegenseitigen Hilfe der Holzarten bei der Bekämpfung der Graspflanzen.

J. P. PRJACHIN untersuchte in den Verhauen von Tula 35 Jahre alte OGIJEWSKIsche Kulturen. Dabei stellte er fest, daß der Vorrat auf Plätzen mit reiner Eiche, die ebenfalls von Eichen umgeben sind, mehr als zweimal den Vorrat von mit Linden-, Ahorn- und Eschenausschlag umgebener Plätze übersteigt und um das 20fache größer ist als der Vorrat auf Plätzen, auf denen die Jungeichen von Aspen unterdrückt werden.

Alle anderen untersuchten Faktoren, wie die Anzahl der lebenden Stämme, die Durchmesser und Höhen der Bäume, zeugen ebenfalls von einer verschärften Konkurrenz zwischen der Eiche und der Aspe, in derem Verlauf die Aspe die Eichen auf dem Platze unterdrückt.

Man kann sich die Folge vorstellen, wenn auf den Plätzen nicht viele, sondern nur eine Eichenpflanze wächst. Die Aspe würde sie sehr schnell verdämmen. Alle diese Angaben sprechen dafür, daß sich zahlreiche Eichen auf den Plätzen besser halten und bestehen können.

In Tabelle 21 sind die Besichtigungsergebnisse dichter, nach dem OGIJEWSKIschen Verfahren begründeter 37jähriger Eichenkulturen in verschiedener Umgebung hinsichtlich ihrer Vitalität und ihrem forstwirtschaftlichen Wert auf 20 Plätzen gegenübergestellt.

Tabelle 21

Zustand der Eiche auf Plätzen in Abhängigkeit von der Umgebung des Platzes (Abteilung 107 des staatlichen Naturschutzgebietes von Tula)

Elemente der Gegenüberstellung	Eichenplätze ohne unmittelbare Umgebung anderer Pflanzenarten	Eichenplätze in unmittelbarer Umgebung von anderen Pflanzenarten
Anzahl der Plätze	10	10
Alter	37	37
Anzahl der vermessenen Stämme	45	25
Umgebung des Platzes	In unmittelbarer Nähe nur Eiche auf Plätzen in einer Entfernung von 4 bis 6 m	In unmittelbarer Nähe von 2 bis 4 m Aspe, Weide, selten Linden-, Eschen-, Ahornausschlag
Zusammensetzung	10 Eichen + Linden, Eschen	5 Aspen, 2 Weiden, 1 Linde, 1 Eiche, 1 Esche + Ahorn
Schluß	0,8	0,8
Mittlerer Durchmesser	10 cm	16 cm
Mittlere Höhe	15 m	18 m
Unterholz	Haselnuß, Traubenkirsche, Pfaffenhütchen u. a.	Haselnuß, Traubenkirsche, Pfaffenhütchen
Nachwuchs	Ahorn, Esche, Linde	Spitzahorn, Esche, Linde
Bodendecke	Giersch, Goldnessel, Haselwurz	Giersch, Goldnessel, Brennnessel, Haselwurz
Anzahl der auf dem Platz ausgesäten Eicheln	50 Stck.	50 Stck.
Durchschnittliche Stammzahl auf dem Platz	4,5	2,5
Durchmesser der Eiche in Zentimeter:		
maximaler	13,6	11,75
mittlerer	9,6	9,20
minimaler	8,6	6,67
Höhe der Eiche in Meter:		
maximale	18	17,5
mittlere	15,8	15,0
minimale	13,2	12,4

Besichtigt und beschrieben wurden Plätze von Eichenkulturen unmittelbar von Eiche auf benachbarten Plätzen umgeben und Plätze mit unmittelbarer Umgebung von Aspe und anderen Holzarten.

Die Gegenüberstellung der Untersuchungsergebnisse dichter Kulturen bei verschiedener Umgebung zeugt vom Fehlen einer innerartlichen Konkurrenz und vom Bestehen einer zwischenartlichen Konkurrenz und gegenseitigen Hilfe.

Aus der Gegenüberstellung ist weiter ersichtlich, daß die Anzahl der Eichen auf Plätzen, die von Eichen benachbarter Plätze umgeben sind, etwa zweimal größer ist als auf Plätzen, wo die Eiche von der Aspe unterdrückt wird. Die mittlere Höhe und der mittlere Durchmesser sind auf Eichenplätzen, die auch von Eichen umgeben sind, ebenfalls größer als auf Plätzen, auf denen die Eiche von der Aspe und anderen Holzarten unterdrückt wird.

Der Einfluß der geographischen Herkunft der Eicheln auf das Wachstum und die Lebensfähigkeit der Eiche bei Nester- und Reihenkulturen

In der UdSSR und anderen Ländern durchgeführte Untersuchungen (M. K. Turski, W. G. Nesterow, W. D. Ogijewski, A. Cieslar u. a.) weisen nach, daß die geographische Herkunft der Samen (z. B. der Kiefer, Fichte, Eiche usw.) für den Erfolg der Kulturen von großer Bedeutung ist.

Der Einfluß der geographischen Herkunft der Eicheln der Sommereiche auf deren Wachstum ist in der UdSSR (Jwanow, „Schipow-Wald", W. W. Popow, „Verhaue von Tula", E. J. Jenkowa, „Schipow-Wald" u. a.) und im Auslande (A. Cieslar in Österreich, A. A. Hauch in Dänemark u. a.) verfolgt worden.

Sämtliche Untersuchungen bekräftigen das Bestehen deutlich ausgeprägter erblicher Unterschiede aus verschiedenen klimatischen Gebieten stammender Sommereichen.

Nach Angaben A. Cieslars führt eine Aussaat von Eicheln der Sommereiche eines rauheren Klimas in einem milderen zur Entstehung frostharter Kulturen, während aus einem milderen Klima stammende Eicheln in einem rauheren die Frosthärte der Eichenkulturen senken.

Nach Angaben von E. J. Jenkowa für den Schipow-Wald im Gebiet Woronesh unterscheiden sich Eichenkulturen aus Eicheln verschiedener geographischer Herkunft durch viele Besonderheiten und beweisen das Bestehen klimatischer Ökotypen. Sie gliedert diese für Verhältnisse des Schipow-Waldes in drei Gruppen:

1. Eichen nördlicher und nordöstlicher Herkunft — der Verhaue von Tula (Krapiwinsk, Schtscheglowsk) und Kasansche (Ljublensk), die eine schlechtere Entwicklung hinsichtlich Höhe, Höhenzuwachs und Durchmesser aufweisen.

2. Eichen westlicher und südwestlicher Herkunft (Wassiljewitsch und Trostjanez), die im allgemeinen schlechter als Eichen örtlicher Herkunft, aber besser als nördliche entwickelt sind.

3. Eichen örtlicher Herkunft (Schipow und Chrenowskoje), die am besten entwickelt sind.

Auf Grund der Ergebnisse ihrer Untersuchungen schließt E. J. JENKOWA, daß zur Begründung hochproduktiver Eichenkulturen unter den Verhältnissen des Schipow-Waldes und des südöstlichen Teiles die Verwendung von Eicheln örtlicher Herkunft der spätausschlagenden Form erforderlich ist.

W. W. POPOW untersuchte von W. D. OGIJEWSKI in den Verhauen von Tula — staatliches Naturschutzgebiet, Abteilung 107 — nach dem dichten Plätzeverfahren begründete Eichenkulturen aus Eicheln verschiedener geographischer Herkunft, als diese ein Alter von 24 Jahren erreicht hatten (1936). Danach hat die aus Woroneshschen Eicheln hervorgegangene Eiche in den Verhauen von Tula eine höhere Wuchsenergie in dichten Plätzekulturen als die Eiche örtlicher Herkunft gezeigt. Die Eiche aus örtlichen (Tulaschen) Eicheln hat sich dagegen etwas besser als die aus Kasanschen Eicheln entwickelt.

W. W. POPOW hat die angrenzenden, mit Eicheln verschiedener geographischer Herkunft begründeten Reihenkulturen nicht untersucht. Sie sind aber, wie er selbst darauf hinweist, von großem Interesse, besonders zum Vergleich mit Ergebnissen der dichten Plätzekulturen.

Von uns wurde der Einfluß der geographischen Herkunft der Eicheln auf das Wachstum und die Lebensfähigkeit der Eiche in dichten Plätzekulturen und in Reihenkulturen verfolgt. Die Ergebnisse sind in nachstehender Tabelle zusammengefaßt.

Die Zahlen der Tabelle 22 zeigen folgendes: Die dichte Plätzekultur ist im Vergleich zur Reihenkultur besser. Aus der Gegenüberstellung der Ergebnisse dichter Plätzekulturen bei verschiedener Herkunft der Eicheln ist ersichtlich, daß der Vorrat der dichten Kultur aus Tulaschen (örtlichen) Eicheln am größten ist und den aus Woroneshschen Eicheln um 20 % und den aus Kasanschen Eicheln um 29 % übersteigt.

Aus der Gegenüberstellung der Ergebnisse der Reihenkulturen bei verschiedener geographischer Herkunft der Eicheln geht hervor, daß der Vorrat der Reihenkultur aus Tulaschen Eicheln am größten ist und den in Reihenkulturen aus Woroneshschen und Kasanschen Eicheln fünfmal übersteigt.

Bei Vergleich des Zustands der Eiche aus Woroneshschen Eicheln in dichten Plätzekulturen und in Reihenkulturen ergibt sich, daß der Vorrat bei dichter Kultur etwa sechsmal höher als der bei Reihenkultur ist. Eichenkulturen aus Kasanschen Eicheln haben in der dichten Plätzekultur einen fünfmal höheren Vor-

Tabelle 22

Gegenüberstellung des Zustandes der Eiche in Abhängigkeit von der geographischen Herkunft der Eicheln und dem Kulturverfahren (Abteilung 107, staatliches Naturschutzgebiet, Alter 37 Jahre)

Kulturverfahren	Geographische Herkunft der Eicheln	Mittlerer Durchmesser in cm M ±	Mittlere Höhe in m M ±	Mittlere Höhe bis zum erst. Ast m	Mittlere Höhe bis zum ersten trock. Ast m	Stammzahl pro ha	Vorrat pro ha	Größe d. Krone	
								Längs der Reihe	Quer zur Reihe
Reihenkultur .	Tula	10,55 ± 0,20	15,0 ± 0,18	8,0	1,20	899	58,9	1,78	2,08
Dichte Plätzekultur .	Tula	10,80 ± 0,30	16,8 ± 0,20	9,8	3,40	1007	74,40	2,74	2,62
Reihenkultur .	Woronesh	13,1 ± 0,18	15,0 ± 0,13	—	—	108	10,38	—	—
Dichte Plätzekultur .	Woronesh	11,15 ± 0,24	16,2 ± 0,25	9,60	2,2	806	58,9	1,66	1,62
Reihenkultur	Kasan	13,7 ± 0,26	12,0 ± 0,10	—	—	124	10,91	—	—
Dichte Plätzekultur .	Kasan	9,55 ± 0,30	15,8 ± 0,30	8,0	1,2	713	52,0	2,55	2,25

rat als in der Reihenkultur. Der Vorrat der Eichenkulturen aus Tulaschen Eicheln zeigt ebenfalls eine Abhängigkeit vom Kulturverfahren. Bei der dichten Plätzekultur ist er um 20 % höher als in der Reihenkultur.

Alle diese Angaben veranschaulichen den Vorzug der dichten Plätzekultur. Er besteht darin, daß jeder Platz dieser Kultur, im Vergleich zu jeder einzelnen Jungeiche in der Reihenkultur, stärker und widerstandsfähiger im Kampf gegen die verschiedenen schädlichen Umwelteinflüsse ist.

Die Ursachen dieser Ergebnisse erklären sich nur aus der Anerkennung der von T. D. LYSSENKO aufgestellten These vom Nichtbestehen einer innerartlichen Konkurrenz und gegenseitigen Hilfe und vom Bestehen eines zwischenartlichen Kampfes, einer zwischenartlichen Konkurrenz und gegenseitigen Hilfe. Nur darauf kann die größere Widerstandsfähigkeit der Eichenkulturen beim Nesterverfahren, der größere Vorrat und die Vorherrschaft der Eiche auf der jeweiligen Fläche zurückgeführt werden.

Auf der Fläche der dichten Plätzekultur ist die Anzahl der Aspen halb so groß wie bei der Reihenkultur. Beim Nesterverfahren der Eichenkultur hat die Eiche die

Aspe, bei der Reihenkultur aber die Aspe die Eiche und insbesondere die aus Kasanschen und Woroneshschen Eicheln bezwungen, die der Reihenkultur unter den gegebenen Verhältnissen weniger angepaßt sind. Wie aus nachstehender Tabelle 23 ersichtlich ist, sind in der dichten Plätzekultur mehr Stämme der ersten Entwicklungsstufe (Lebensfähigkeit) vorhanden.

Tabelle 23

Gegenüberstellung der Verteilung der Räume nach Wuchsklassen bei dichter Plätzekultur und bei Reihenkultur

Kulturverfahren	Geographische Herkunft der Eicheln	Wuchsklassen (Baumklassen) Stammzahl pro ha					Insgesamt Stammzahl pro ha
		I	II	III	IV	V	
Reihenkultur . . .	Tula	217	403	232,5	46,5	—	899
Dichte Kultur . . .	Tula	341	217	263,5	62	124	1007,5
Reihenkultur . . .	Woronesh	77,0	15,6	15,5	—	—	108
Dichte Kultur . . .	Woronesh	108	434	155	46,5	62	806
Reihenkultur . . .	Kasan	62	31	31	—	—	124
Dichte Kultur . . .	Kasan	139,5	201,5	232,5	15,5	124	713

Die verschiedenen Vorzüge der dichten Plätzekultur zeigen sich bei Astreinigung, Geradschäftigkeit u. a. Dies führt zu der Überzeugung, daß die jungen Eichen in Gesellschaft, in Nestern besser Nährstoffe anderen Holzarten entziehen können, wie das auch hinsichtlich Kok-Saghys [1]) festgestellt ist.

Bekanntlich hat T. D. LYSSENKO, ausgehend von der These vom Fehlen einer innerartlichen Konkurrenz und einer gegenseitigen Hilfe und vom Bestehen einer zwischenartlichen Konkurrenz und gegenseitigen Hilfe, das Nesterverfahren für die Anzucht von Kok-Saghys vorgeschlagen. Die Praxis hat die Richtigkeit dieses Vorschlags bewiesen.

Wildpflanzen haben sich in der Natur stets in Gruppen, in Horsten entwickelt. Sie bevorzugen, in Gesellschaft zu wachsen und nicht vereinzelt. Die Nähe anderer Pflanzen der gleichen Art wirkt sich nicht hemmend aus. Zwischen ihnen besteht eine Wechselbeziehung, die zwischen ihnen und anderen Arten nicht existiert. Wie z. B. festgestellt ist, bevorzugen die Wurzeln von Kok-Saghys einen gut durchlüfteten Boden. Je mehr von dieser beieinander stehen, um so besser wird der Boden gelockert und um so mehr Luft den Wurzeln zugeführt.

1) Wilde Kautschukpflanze, Tjanschan-Löwenzahn, unlängst kultiviert.

In einem engen Kreise, in dem viele Rosetten mit ihren Blättern den Boden dicht bedecken, sammelt sich mehr Feuchtigkeit an. Kok-Saghys liebt aber feuchte Böden.

Bekanntlich vermögen einige Pflanzen Mineralen Nährstoffe zu entziehen, indem sie mitunter ganze Felsen auflösen und zerstören. Das erfolgt ebenfalls gemeinsam leichter. Wildpflanzen bedürfen der Gesellschaft. Das liegt in ihrer Natur.

Versuche mit der Anlage von Kulturen aus Samen verschiedener geographischer Herkunft zeigen, obgleich sie sich nicht auf umfangreiche Unterlagen stützen, daß unter Verhältnissen des Gebietes von Tula zur Begründung produktiver Eichenbestände vorsichtshalber Eicheln örtlicher Herkunft zu verwenden sind. Sie zeigen weiter, daß, je ungünstiger die Umweltverhältnisse für die Anzucht der Eiche sind, um so größer der Erfolg der dichten Plätzekultur im Vergleich zur Reihenkultur ist. Wir verweilen noch kurz beim Einfluß der geographischen Herkunft der Eicheln auf das Wachstum und die Lebensfähigkeit der Eichenkultur, jedoch bei gleichem Kulturverfahren.

Die Frage der geographischen Herkunft der Eicheln ist an und für sich schon für die Begründung von Kulturen äußerst wichtig. Sie erlangt aber jetzt, wo im Zusammenhang mit dem Stalinschen Plan der Umgestaltung der Natur Millionen von Hektaren bewaldet werden, eine noch größere Bedeutung.

Wir zeigen noch an Hand eines konkreten Beispiels, in welchem Umfang die geographische Herkunft sich auf den Zustand der Kultur auswirken kann. Von uns wurden Kulturen der Sommereiche, die aus Eicheln verschiedener geographischer Herkunft angelegt waren, in der Baumschule von Sofia einer Untersuchung unterzogen (Bulgarien, 1946).

Die Eichenkulturen der Baumschule von Sofia sind aus Eicheln begründet, die in Naturwäldern in der Nähe der Baumschule sowie auch in anderen Gegenden des Landes geerntet wurden. Bedauerlicherweise konnte die genaue Herkunft dieses Saatgutes nicht festgestellt werden. Es wird nur angenommen, daß diese Eicheln aus Ostbulgarien stammen, wo die Sommereiche entlang des Kamtschija-Flusses sehr stark verbreitet ist und in der Vergangenheit Eicheln für die Baumschule Sofia geerntet wurden. Die Ernte erfolgte wahrscheinlich zufällig und die Aussaat der Arten örtlicher Herkunft getrennt von ostbulgarischen Eicheln. Das Saatgut wurde ungefähr zu gleicher Zeit gesät und war scheinbar in ausreichender Menge vorhanden, da auf den verschiedenen Parzellen recht viel Eichen stehen. Überall fällt der Unterschied im allgemeinen Zustand der Kulturen auf (siehe Abb. 9 u. Tabelle 24).

Die Form und Geradheit des Schaftes, der Laubausbruch und andere Erscheinungen dieser Bestände lenkten unsere Aufmerksamkeit auf sich.

Abb. 9. 35jähriger Eichenbestand in der Baumschule Sofia. Rechts Bestand aus ostbulgarischen Eicheln; links aus Sofia-Eicheln.

(Aufgenommen im Frühjahr 1946)

Abb. 10. Gezeigt ist der Zeitunterschied im Laubausbruch der Eiche in der Baumschule Sofia aus Sofia-Eicheln (links) und aus ostbulgarischen Eicheln (rechts).

(Aufgenommen im Frühjahr, 3. Mai 1946)

Zur Zeit der Untersuchungen hatten die Kulturen ein Alter von 35 Jahren. Von uns wurden vier Probeflächen mit je zwei Varianten angelegt. Im Frühjahr 1946 erfolgten an 15—20 mechanisch ausgewählten Bäumen phänologische Beobachtungen vor dem Schwellen der Knospen, wie in der Methodik angegeben. Bei diesen ist am interessantesten, daß es uns gelang, festzustellen, daß Bestände aus Eicheln örtlicher Herkunft (Sofia) den allgemeinen Laubausbruch um 2 Wochen später als Bestände aus ostbulgarischen Eicheln abschließen (siehe Abb. 10).

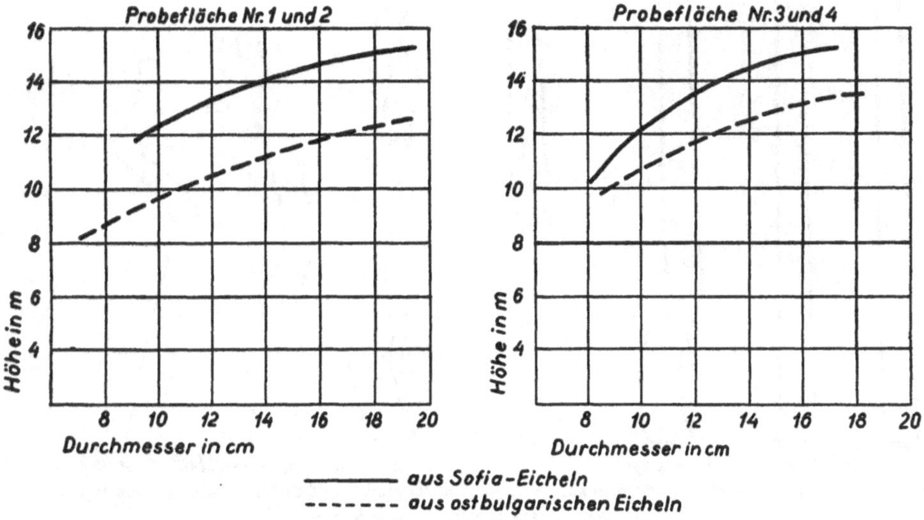

Abb. 11. Graphische Gegenüberstellung der Höhen der Eichenbestände (Baumschule Sofia).

Bestände aus örtlichen Eicheln sind bedeutend höher als Bestände aus ostbulgarischen Eicheln (siehe Abb. 11).

Ein großer Unterschied macht sich auch in der Schaftform bemerkbar. Die Eiche aus ostbulgarischen Eicheln ist sehr krummschäftig, während die aus Sofia-Eicheln fast absolut geradschäftig ist (siehe Abb. 12).

Die in Tabelle 24 angeführten Zahlen beweisen eindeutig das bessere Wachstum der Eichenkulturen aus Sofia-Eicheln (örtlich) im Vergleich zu Kulturen aus ostbulgarischen Eicheln.

Die Analyse der Probestämme läßt folgendes hervorheben: Der Verlauf des Höhenwachstums der Probestämme ist in Beständen aus Sofia-Eicheln im Vergleich zu Beständen aus ostbulgarischen Eicheln besser (siehe Abb. 13).

Der Verlauf des Durchmesserwachstums der Probestämme ist auf einer Probefläche besser im Bestande aus Sofia-Eicheln, auf der anderen dagegen im Bestande aus ostbulgarischen Eicheln (siehe Abb. 14).

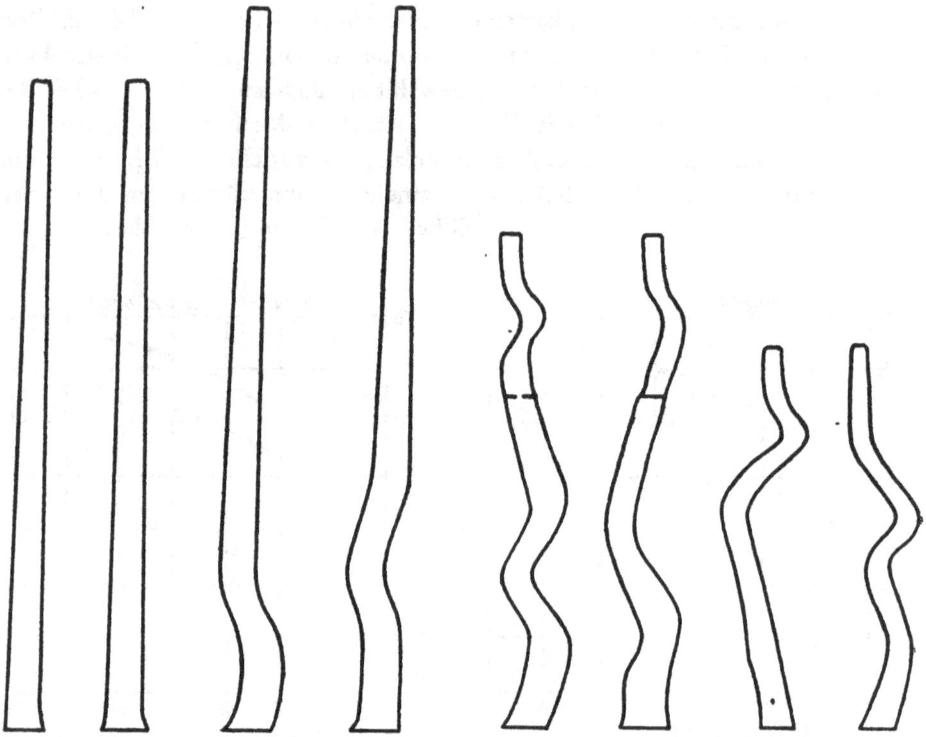

Abb. 12. Einfluß der geographischen Herkunft der Eicheln auf den Anfall von Nutzholzsortimenten. Probestämme 35jähriger Eichenbestände aus Sofia-Eicheln (links) und ostbulgarischen Eicheln (rechts) – eingeschlagen in der Baumschule Sofia.

Tabelle 24

Wachstum der Eiche in der Baumschule Sofia in Abhängigkeit von der geographischen Herkunft der Eicheln

Geographische Herkunft der Eicheln	Allgemeiner Laubausbruch	Alter	Mittlerer Durchmesser in cm	Mittlere Höhe in m	Stammzahl		Kreisflächensumme in m²		Vorrat in m³		Mittlerer Zuwachs		Mittlere Pfeilhöhe der Krümmung auf 1 m, in cm
					auf d. Prbfl.	pro ha	auf d. Prbfl.	pro ha	auf d. Prbfl.	pro ha	auf d. Prbfl.	pro ha	
Ostbulgarische	10/V. — 46	34	12,3	10,4	239	1903	2,8524	22,71	16,711	133,1	0,643	5,1	10,9
Sofia	24/V. — 46	34	13,4	14,0	234	1863	3,320	26,4	23,69	188,6	0,697	5,5	0,0
Ostbulgarische	10/V. — 46	35	13,8	12,2	210	1672	3,1413	25,0	18,264	145,4	0,521	4,1	6,75
Sofia	24/V. — 46	35	12,2	13,6	251	1998	2,9551	23,5	20,629	164,2	0,589	4,6	1,15

Der Verlauf des Massenwachstums der Probestämme ist im Bestande aus Sofia-Eicheln besser als im Bestande aus ostbulgarischen Eicheln (siehe Abb. 15).

Der mittlere und laufende Zuwachs der Probestämme aus Sofia-Eicheln ist besser als der aus ostbulgarischen Eicheln (siehe Abb. 16).

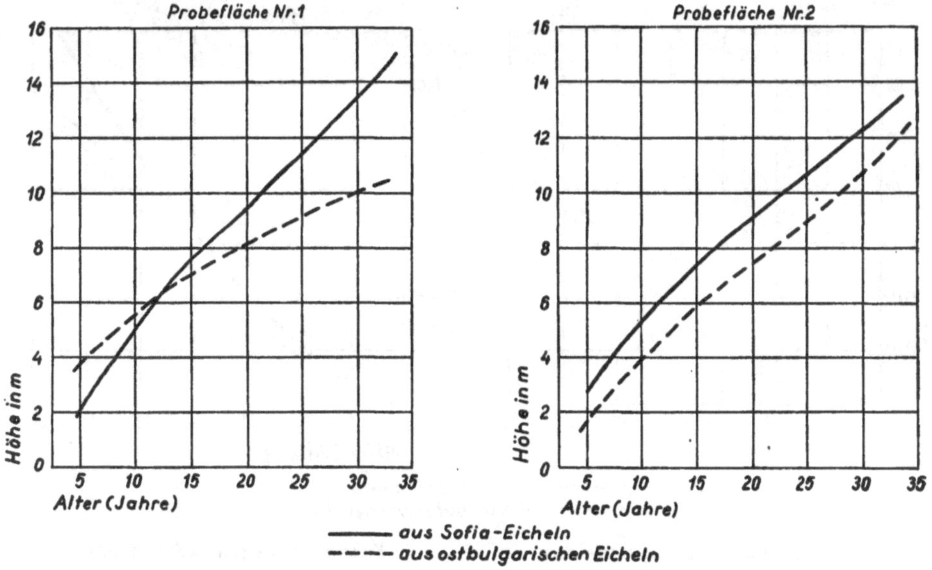

Abb. 13. Verlauf des Höhenwachstums der Probestämme in Beständen (Baumschule Sofia).

Das bessere quantitative und insbesondere das bessere qualitative Wachstum der Eiche aus Sofia-Eicheln ist unserer Ansicht nach darauf zurückzuführen, daß die ostbulgarische Eiche ihre Erbanlagen unter den Verhältnissen des milderen Klimas Ostbulgariens geformt hat. Im Gebiet von Sofia erfolgt der Laubausbruch bei ihr

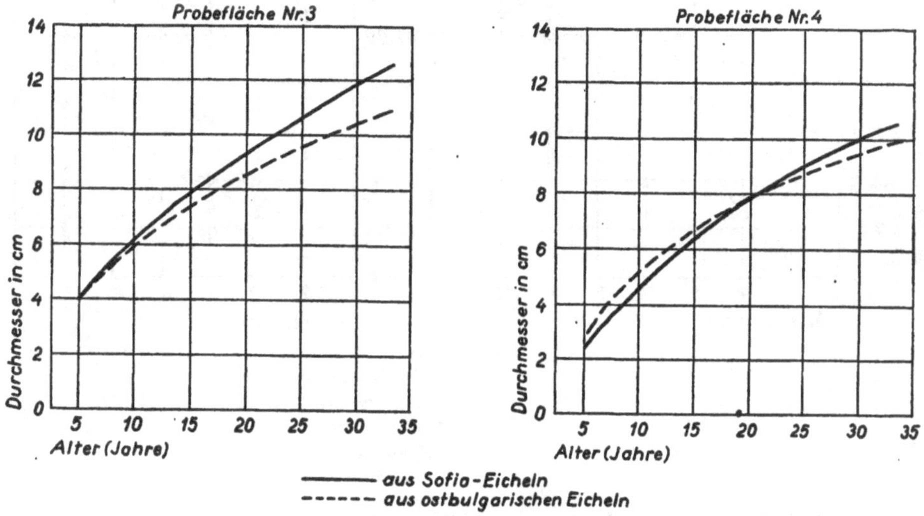

Abb. 14. Verlauf des Stärkenwachstums (Baumschule Sofia).

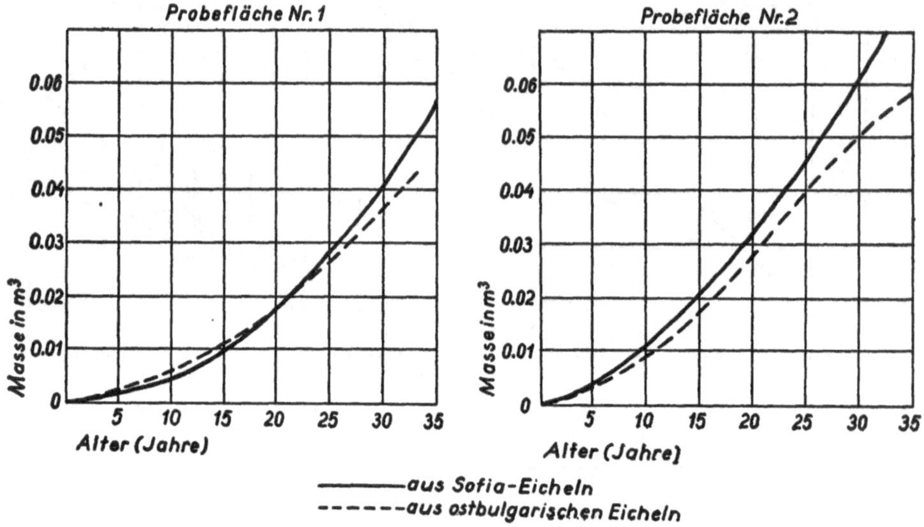

Abb. 15. Verlauf des Massenwachstums der Stämme in Eichenbeständen (Baumschule Sofia).

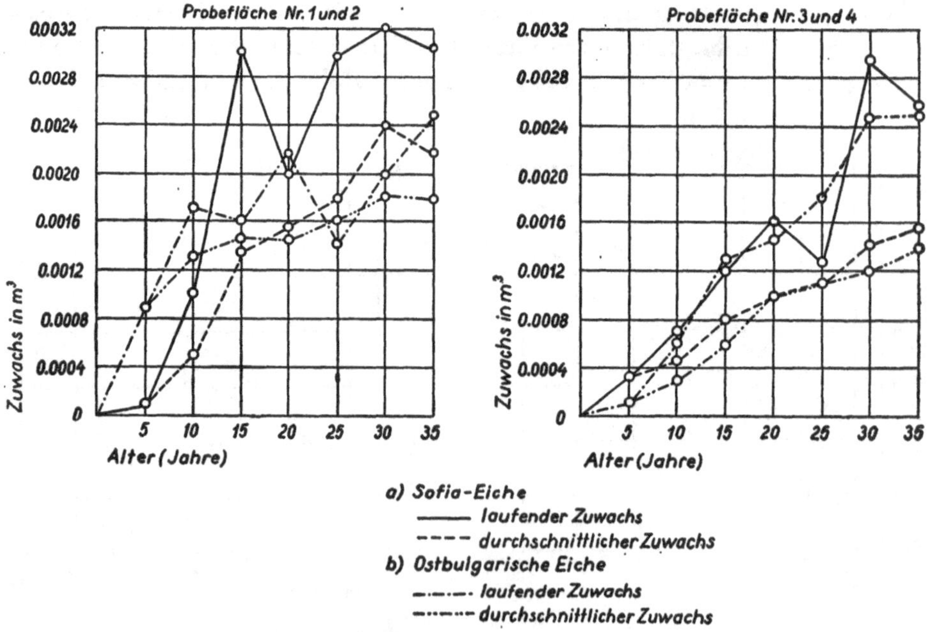

Abb. 16. Gegenüberstellung des mittleren und laufenden Zuwachses der Eiche aus Sofia-Eicheln und ostbulgarischen Eicheln (Baumschule Sofia).

früher als bei unseren örtlichen Eichen, gerade zur Zeit der frühen Frühjahrsfröste. Dadurch leidet sie unter diesen mehr als die 2 Wochen später austreibenden örtlichen Eichen. Außerdem wächst die ostbulgarische Eiche in ihrer Heimat im Auegelände auf feuchteren Böden, als sie in der Baumschule Sofia gegeben sind. Diese Versuche im kleinen Umfang zeigen deutlich, daß hinsichtlich der geographischen Herkunft der Eicheln bei der Begründung von Kulturen Vorsicht geboten ist.

Unter den Verhältnissen des Gebietes von Sofia ist zur Anzucht leistungsfähiger und hochqualitativer Eichenbestände vorläufig vorsichtshalber die Verwendung örtlicher Eicheln erforderlich. In Zukunft kann auf Grund eines ausführlicheren Studiums der Klimaverhältnisse der Eichenstandorte die Notwendigkeit sich ergeben, bisweilen die örtliche ertragsschwächere Eiche durch eine leistungsfähigere aus anderen geographischen Gebieten zu ersetzen.

Einige spezielle Fragen im Zusammenhang mit der Begründung von Eichenkulturen

Untersuchungen haben gezeigt, daß die Auswahl der Eicheln, wenn möglich, ihrem Gewicht nach erfolgen soll.

G. R. EITINGEN hat durch Untersuchungen in den Jahren 1915, 1922, 1946 festgestellt, daß das Höhenwachstum der Holzpflanzen in den ersten Jahren in direktem Zusammenhang zum Gewicht der Samen steht. Diese Abhängigkeit läßt im weiteren Verlauf, insbesondere mit dem Übergang von mittelschweren zu schweren Samen, nach. In den ersten 5 Jahren übertrifft die Höhe der Sämlinge aus schweren Eicheln die der Sämlinge aus kleinen Eicheln um das Doppelte. Das übt einen ziemlich starken Einfluß auf das Fortbestehen und die Zusammensetzung der Kernwuchs-Eichenbestände aus und trägt auch zur Verringerung der Anzahl der Auslichtungen bei.

Tabelle 25

	Leichte Eicheln	Mittlere Eicheln	Schwere Eicheln
Mittlere Höhe in Zentimeter im Alter von			
2 Jahren	14,3	20,1	27,5
5 Jahren	44 ± 0,9	68,4 ± 1,2	82,6 ± 1,3
8 Jahren	109 ± 0,3	136,7 ± 0,3	143 ± 0,4

Bei der Anlage von Kulturen ist erforderlich, ökologische Typen bei der Eiche zu unterscheiden. Dieser Frage wird in der Praxis bis jetzt noch keine gebührende Aufmerksamkeit geschenkt. Allerdings sind bei allen Kulturverfahren Hinweise für die Verwendung entweder der spätausschlagenden (tardiflora) oder der frühausschlagenden (praecox) Eiche bei den verschiedensten Standortsverhältnissen gegeben.

Die Form „praecox" ist in Eichenwäldern des europäischen Teiles der UdSSR hauptsächlich der Hochebene und Wasserscheiden sowie geneigten Hängen — deren oberen Teilen —, der Typ „tardiflora" niedrigen Stellen — Talwegen und unteren Teilen der Hänge in Schluchten angepaßt.

Bekanntlich ist eindeutig festgestellt worden, daß die spätausschlagende Eiche gegen Frühjahrsfröste widerstandsfähiger ist. Hinsichtlich des Feuchtigkeitsbedarfs dieser beiden Eichentypen bestehen Meinungsverschiedenheiten.

N. P. KOBRANOW (1925) und A. J. KOLESNIKOW (1928) sind der Ansicht, daß die spätausschlagende Eiche weniger anspruchsvoll in bezug auf Feuchtigkeit ist als die frühausschlagende.

A. S. MATSCHINSKI (1927) und F. N. CHARITONOWITSCH (1930) sind gegensätzlicher Ansicht.

S. S. PJATNIZKI (1941) hat spezielle exakte Versuche zur Bestimmung der Dürreresistenz dieser beiden Ökotypen der Eiche angestellt. Auf Grund seiner Untersuchungsergebnisse kommt er zu folgendem Schluß: „Jeder Ökotyp wächst energischer unter Verhältnissen, die seinen biologischen Besonderheiten mehr entsprechen. Daher ist der Vorzug der ‚tardiflora' gegenüber der ‚praecox' in den Verhältnissen der Waldsteppe auf feuchten und frischen Standorten und umgekehrt, das schnellere Wachstum der ‚paecox', das in der Steppe auf trockenen Standorten beobachtet wird (CHARITONOWITSCH), eben in einem besseren Entsprechen ihrer biologischen Eigenschaften solcher Umweltverhältnisse zu sehen.

Es können beim Pflanzen von Ackerschutzstreifen keine Kulturen der Späteiche auf trockenen Standorten der Waldsteppe und der Steppe begründet werden. Unter den dortigen Verhältnissen wächst die spätausschlagende Eiche als weniger xerophile Art bedeutend schlechter und wird stärker unter mangelnder Feuchtigkeit leiden."

Diese Schlußfolgerungen S. S. PJATNIZKIS müssen bei der Verwendung der Eiche in Kulturen unter verschiedenen Standortsverhältnissen zugrunde gelegt werden.

Das Holz der Späteiche ist von besserer technischer Qualität, der Schaft vollholziger und gerader (J. A. JACHONTOW, 1928; MATSCHINKI, 1927). Sie muß daher überall dort eingeführt werden, wo es ihre biologischen Eigenschaften zulassen.

Großes Interesse erwecken die Arbeiten S. S. PJATNIZKIS im Zusammenhang mit der Hybridisation der Eichen. Es ist ihm gelungen, auf dem Wege der entfernten Hybridisation und nachfolgender Aufzucht eine Hybridform der Eiche zu erhalten, die von ihm als „Wyssozki-Eiche (QU. WISSOZKI) bezeichnet und beschrieben wurde.

Die verschiedene Herkunft der Elternarten sowie ihre unterschiedliche Ökologie haben bei den Hybriden zur Entwicklung wertvoller Merkmale geführt, die den Anforderungen des agromeliorativen Betriebes entsprechen. Diese neue Form der Eiche ist ein Xerophyt und verfügt über Heterosis, wodurch sie unter Dürreverhältnissen eine doppelt so hohe Produktivität als die gewöhnliche Sommereiche gewährleistet.

Da die Frage der maximalen Vermehrung von Selektionsmaterial bei der Selektion von Holzarten, als mehrjähriger Pflanzen mit verzögertem Fruchten, besonders akut ist, muß nach Ansicht PJATNIZKIS eine der vegetativen Vermehrungsarten angewandt werden.

Hinsichtlich der Eichen ist die Methode der Vermehrung durch grüne Stecklinge am erfolgreichsten, da diese bei Behandlung mit wuchsfördernden Mitteln zu 80—100prozentigem Anwurzeln der Stecklinge führt, wie Versuche PJATNIZKIS gezeigt haben.

Bei der Auswahl von Eicheln ist noch eine Reihe von Gesichtspunkten zu berücksichtigen, die in der Abhandlung von A. S. JABLOKOW, „Forstliche Saatzucht und Selektion", entwickelt sind. Wir verweilen nur ganz kurz bei einigen, die auch bei der Eiche anwendbar sind. Die Rasseeigenschaften einzelner Holzarten können in einem beliebigen geographischen Gebiet, Waldtyp und Bestande verschieden sein. Die unterschiedlichen Erbanlagen im Bestande können bei einzelnen Bäumen oft Verschiedenheiten bedingen: a) in der Raschwüchsigkeit, b) in der Lebensfähigkeit und der Größe der Dimensionen, c) des Verzweigungstyps und der Astreinigung, d) gut oder schlecht gewachsene Form, e) Widerstandsfähigkeit oder Anfälligkeit gegen Krankheiten oder Schädlinge, f) geringeres oder zahlreicheres Fruchten, g) Frosthärte, h) gute oder schlechte Holzqualität, Drehwüchsigkeit u. a.

Versuche J. W. MITSCHURINS bei der Züchtung neuer Obstbaumsorten und Sträucher aus Samen, sowie in letzter Zeit bei Obstbäumen durchgeführte Untersuchungen im Zusammenhang mit der Frage des Einflusses der Mutterpflanze auf die Formung der Erbanlagen der Nachkommenschaft bekräftigen, daß die Nachkommen bei einer Vermehrung aus Samen ihren Erbanlagen nach meistens dem Mutterbaum gleichen, wenn die Verhältnisse gegeben sind, unter denen dieser aufgewachsen ist und sich entwickelt hat.

Die jeder Holzart gegebenen Wuchsverhältnisse müssen einen starken Einfluß auf deren Natur und folglich auch auf die Rasseeigenschaften der produzierten Eicheln ausüben.

Obgleich der Einfluß der Standortsverhältnisse auf das Wachstum des Waldes in der Forstwirtschaft bedeutend eingehender und vielseitiger als die Erbanlagen der Holzarten ergründet ist, erscheint doch das Bestehen einer engen Verbindung zwischen der Umwelt und den Erbanlagen der Holzarten vielen Forstwirten bis jetzt noch als nicht erwiesen und strittig.

Bei besseren Standortsverhältnissen wird jede bestandsbildende Holzart Erbanlagen für Schnellwüchsigkeit entwickeln. Unter diesen Verhältnissen wird auch die natürliche Auslese energischer in der Richtung einer Festigung schnellwüchsiger Formen verlaufen, welche unter diesen Verhältnissen gerade am widerstandsfähigsten sein werden. Daher wird eine richtige Auslese der Mutterbestände für die Eichelernte nach Standortsverhältnissen und eine richtige Auswahl der Eicheln für die Waldbegründung, bei gleichen Wuchsverhältnissen, zweifellos den Erfolg der Kulturen sowie die Lebensfähigkeit und Widerstandsfähigkeit der Bestände steigern.

Pflegehiebe in Eichenwäldern

Durch Pflegehiebe können zur Aufzucht und zum Einschlag bestimmte Stämme ausgewählt und bessere Wuchsverhältnisse für die in wirtschaftlicher Beziehung besten, auf dem Stock verbleibenden Stämme geschaffen werden. Den Gang der natürlichen Entwicklung kann man verändern, in für uns erwünschte Richtung lenken, und zwar vor allem hinsichtlich der Zusammensetzung der Holzarten nach Art und Form, Struktur der Bestände, Schaftform, des Wuchstempos usw. Diese Umgestaltung des Bestandes und der Umweltverhältnisse ermöglicht uns, einen Zuwachs an bestgeformten Stämmen zu erhalten, den Zeitraum für die Anzucht technisch reifen Holzes zu verkürzen und seine Qualität zu heben, die Widerstandsfähigkeit der Bestände gegen Krankheiten, Schadinsekten sowie gegen schädliche Klimaeinflüsse zu steigern, die den Wasserhaushalt regelnde Wirkung und Schutzwirkung des Waldes zu verbessern, Holz bei Vornutzungen zu gewinnen und dergleichen mehr.

Die Bedeutung der Pflegehiebe in der gegenwärtigen Praxis unterliegt keinem Zweifel. Daher haben diese Hiebe eine ausnehmend weite Entwicklung gefunden.

In Rußland haben die ersten Versuche der Waldpflege, die einen besonderen Charakter — Aufastung in Eichen-Schiffsbauwäldern — trugen, in Eichenwäldern von Kasan bereits zur Zeit Peter I. ihren Anfang genommen (A. W. DAWIDOW, 1940). Eine mehr oder weniger planmäßige Arbeit in der Waldpflege beginnt jedoch im 19. Jahrhundert.

Russische Forstwirte haben gegen Ende des 19. Jahrhunderts in den Verhauen von Tula für Junghölzer mit künstlich eingebrachter Eiche ihre eigenartige Korridormethode der Pflege ausgearbeitet. Diese Methode erscheint als Spiegelbild der damals in der fiskalischen Forstwirtschaft bestehenden Verhältnisse. Unzureichende Geldbewilligung, Mangel an Arbeitskräften, kein Absatz für schwaches Holz machten die Durchführung einer Jungwuchspflege auf großen Flächen unmöglich. Die Bestrebungen der besten Forstwirte jener Zeit, die Eiche im Bestand der Junghölzer zu erhalten, führte zu einer zwangsläufigen Ausarbeitung dieser Methode.

Die Korridormethode der Pflege, die als Fortsetzung der Korridormethode der Kulturbegründung gilt, hat in der Eichenwirtschaft eine ganze Epoche geschaffen.

Eine verhältnismäßig gute Erhaltung der Eiche in Jungbeständen durch die Korridormethode schaffte Voraussetzungen für deren weite Verbreitung in der forstlichen Praxis. Interessant ist zu bemerken, daß sich sämtliche Arbeiten über Pflegehiebe vor der Revolution auf die Pflege von Eichen- und Kiefernbeständen beziehen.

Somit entstanden die Ideen und die Technik der Pflegehiebe in Wäldern Rußlands aus der Notwendigkeit der Erhaltung wertvoller Eichenbestände. In den Verhauen von Tula wurde, unabhängig von der französischen Methode der Eichenpflege, eine eigene Hochdurchforstungsmethode ausgearbeitet.

Für die Durchführung von Pflegehieben sollen folgende Ausgangspunkte gelten:

1. Ökonomische Faktoren, die den Intensitätsgrad der Forstwirtschaft und folglich auch die Möglichkeit der Durchführung von Pflegehieben bestimmen.

2. Standortstypen oder deren Gruppen, die nach Merkmalen gleicher Wirtschaftsmaßnahmen zusammengefaßt sind.

3. Die Entstehungs- und Entwicklungsgeschichte der Bestände (ihre Herkunft).

4. Die wasserregelnde und Schutzbedeutung der einzelnen Waldbestände.

Die ökonomischen und naturgeschichtlichen Verhältnisse der Verhaue von Tula gestatteten schon seit Peter I. die Führung einer auf hohem Entwicklungsstand stehenden Wirtschaft. In den Jahren der Sowjetmacht haben die Eichenwälder der Verhaue von Tula eine große volkswirtschaftliche Bedeutung erlangt, insbesondere aber in der letzten Zeit in Zusammenhang mit dem Stalin-Plan der Umgestaltung der Natur.

Die Verhaue von Tula sind in die Gruppe besonders wertvoller Waldmassive einbezogen. Dadurch gewinnt die Frage der Wirtschaftsführung im allgemeinen und im einzelnen die Ausarbeitung von Methoden für Pflegehiebe eine besonders große Bedeutung.

Pflegehiebe in Jungbeständen

(Auslichtung und Reinigung)

Von besonders großer betriebswirtschaftlicher Bedeutung sind Pflegehiebe für die Erziehung von Eichen-Jungbeständen, wenn die Holzarten am plastischsten sind und die Wuchsverhältnisse und die Tendenz der Erziehungsmaßnahmen einen entscheidenden Einfluß auf deren weitere Entwicklung ausüben. Die Anzucht von Eichen-Jungbeständen und die Durchführung von Pflegehieben in diesen ist eine äußerst komplizierte Wirtschaftsmaßnahme. Pflegehiebe in Jungbeständen, bis zum zehnjährigen Alter durchgeführt, werden „Auslichtung", von 10 bis 20 Jahren „Reinigung" genannt.

Die Auslichtung und die Reinigung sind bei der Anzucht leistungsfähiger Eichenbestände von überaus großer Bedeutung, besonders bei einer stammweisen Mischung der Eiche, wie 100jährige Wirtschaftserfahrungen in Eichenwäldern der Verhaue von Tula gezeigt haben.

Die biologischen Besonderheiten der Eiche, ihr langsames Wachstum in den ersten Lebensjahren, ihre Fähigkeit, in einer Umgebung von Graspflanzen strauchartig zu wachsen, ihr Lichtbedürfnis und ihre Scheu vor einer Beschattung der Krone, ihre Empfindlichkeit gegen Frühjahrs- und Herbstfröste, ihre Neigung zu Sonnenbrand bei plötzlicher Lichtstellung, ihr Wachstum in Naturbeständen in Mischung mit anderen Holzarten, die in den ersten Lebensjahren über eine stärkere Wuchsenergie verfügen, bestimmen die Pflegetechnik. Sie zeugen von den Schwierigkeiten, die bei dieser zu berücksichtigen sind, um die Kernwuchseiche in der Bestandesmischung zu erhalten. Eine richtig und rechtzeitig durchgeführte Pflege der Eichen-Jungwüchse bestimmt die weitere Entwicklung und Formung der Bestände. Eine verspätete und unsachgemäß durchgeführte Pflege führt demgegenüber zu einer Vernichtung der Kernwuchseiche in der Zusammensetzung des Bestandes und zur Bildung von abgeleiteten Typen der Eichenwälder (Hainbuchen-, Linden-, Aspenwäldern und dergleichen mehr), die in volkswirtschaftlicher Beziehung geringwertiger sind.

Als allgemeines Moment erscheint bei der Pflege der Eichen-Jungwüchse die Notwendigkeit, mit dieser früh zu beginnen, sie öfters zu wiederholen und Mischbestände, die auf fruchtbareren Böden stocken und in ihrer Zusammensetzung Kernwuchseiche, besonders in Einzelmischung, aufweisen, intensiver auszulichten.

Der Unterschied in den Ansichten besteht darin, daß einige Verfasser, wie z. B. B. F. KLJUTSCHNIKOW (1936), sowie die Anleitung der Hauptverwaltung für Forstschutz (1941) etwas verringerte vorsichtige Hiebsintensitäten für Jungbestände angeben. B. A. SCHUSTOW (1938) gibt demgegenüber für Jungbestände der trockenen Abarten der Eichenwälder einen übersteigerten Auslichtungsgrad an.

Die übrigen Verfasser empfehlen eine normale Auslichtungsintensität der Jungbestände entsprechend deren Zustand. N. SCHÄDELIN (1945) vertritt auf Grund der schweizerischen Untersuchungsergebnisse über Pflegehiebe die Ansicht einer intensiven Pflege gleichaltriger Bestände auch in den ersten 20 Jahren mit gleichzeitiger Ausschaltung der Konkurrenz der Grasvegetation, der Sträucher und geringwertiger Stämme.

LEIBUNDGUT (Schweiz 1945) empfiehlt ebenfalls frühzeitige Reinigungen und Verdämmung des Unkrauts.

M. L. PESTENKO weist darauf hin, daß auf Eichenkahlschlägen sämtlicher Standortstypen mehr oder weniger große Mengen von Eichenaufschlag und Anflug von Esche, Ahorn und anderen wertvollen Hartlaubhölzern beobachtet werden können, und daß ein Schutz dieser vor Überwucherung durch Graspflanzen, bevor der Ausschlag sich schließt, die Begründung von Kulturen in vielen Fällen überflüssig machen kann. Diese Maßnahme, das „Aufrichten" (Befreien) des Aufschlags von Gras und einzelnen Ausschlagssträuchern, muß im ersten Jahre nach dem Abtrieb des Mutterbestandes erfolgen und besteht im Abbrechen der Zweige des überhängenden Ausschlags. Ein solches Aufrichten ist ein- bis zweimal im Jahr — im zeitigen Frühjahr und im Mittsommer — durchzuführen.

In frischen und feuchten Eichenwäldern, in denen sich die Grasvegetation und der Ausschlag stärker entwickeln, muß das Aufrichten sorgfältiger durchgeführt werden. In trockenen und sehr trockenen Eichenwäldern kann das Aufrichten einmal im Laufe des Sommers durchgeführt werden. Eine Durchführung dieser Maßnahme während einer heißen, trockenen Zeit ist nicht zu empfehlen, da ein plötzliches Freistellen des Aufschlags Rindenbrand hervorrufen kann.

Von dem Zeitpunkt an, wo der Ausschlag sich schließt, was in Abhängigkeit von der Art der Standortsverhältnisse und vom Charakter des Verjüngungsprozesses bald früher, bald später eintritt, muß zu Auslichtungen und Reinigungen geschritten werden.

Die Schläge überziehen sich meistens stark mit Ausschlag von Straucharten, hauptsächlich der Haselnuß und Baumarten.

Eichenaufschlag bildet sich sehr zahlreich, wenn der Bestand 1—3 Jahre nach einem Mastjahr eingeschlagen wird. Anflug von Esche und Spitzahorn ist stets in ausreichender, bisweilen auch in überschüssiger Menge vorhanden.

Der üppig wachsende Ausschlag von Haselnuß und Holzarten schließt sich im Durchschnitt am Ende des dritten bis vierten Jahres und beginnt die Kernwuchsexemplare der Eiche und Esche vom dritten bis vierten Lebensjahr an zu unterdrücken.

Nach Untersuchungen von M. L. PESTENKO (1941) erreicht die Anzahl der Haselnußsträucher auf 1 ha 1000 Stück. Am Schluß des vierten Jahres beträgt der mittlere Durchmesser der Kronenprojektion des Haselnußstrauches 3 m.

Somit bedeckt der Schirm einer einzigen Haselnuß 0,7 der ganzen Fläche bei einer mittleren Höhe von 3 bis 5 m. Bei einem derartigen Schlußgrad und einer derart üppigen Höhenentwicklung der Haselnuß verbleiben natürlich Kernwuchsexemplare der Eiche nur in Lücken, an Schneisen und Wegen, und lediglich vereinzelte Exemplare der Eiche und Esche ragen aus dem Schirm des Ausschlags empor.

Der größte Ausfall an Eichenaufschlag und Esche erfolgt im ersten Sommer nach dem Schluß, d. h. im vierten Jahr. Wenn zu dieser Zeit (besonders bei Einzelmischung) keine Auslichtung durchgeführt wird, kommt es in den nachfolgenden Jahren zu einem noch größeren Absterben des Aufschlags.

Nach Beobachtungen von PESTENKO erreicht der Ausfall (vom vierten bis sechsten Jahre) bei der Eiche 38 % und bei der Esche 13 % des Bestandes im dreijährigen Alter. Bis zum achten Lebensjahre stirbt aber 95 % der Eiche und 75 % der Esche ab. PESTENKO hat Untersuchungen nur bei Einzelmischung, aber nicht bei gruppen- und horstweiser Verteilung der Eiche auf dem Schlage durchgeführt.

Die mittlere Höhe des Ausschlags der Haselnuß, der Ulmenarten und der Linde verändert sich auf dem Schlage mit zunehmendem Alter wie folgt (gleichzeitig führen wir die mittlere Höhe des Eichenaufschlags und der Esche an, die den Schirm des Ausschlags durchbrochen haben):

Tabelle 26

Höhenwachstum der Holz- und Straucharten auf dem Schlage

Holzart	Alter des Schlages				
	2	4	6	8	10
	Höhe in Metern				
Ulmen . .	2,7	4,0	5,5	6,8	7,9
Haselnuß .	2,1	3,5	5,0	6,5	7,5
Linde . . .	2,0	3,2	4,6	6,0	6,8
Esche . . .	0,6	1,5	2,0	4,0	5,6
Eiche . . .	0,4	1,1	1,5	3,3	5,1

Diese Zahlen zeigen, daß das kritische Alter, in dem der Ausschlag der Ulmen und der Haselnuß die Höhe der Kernwuchseichen drei- bis siebenmal überragte (bei Einzelmischung), im Zeitraum von 3 bis 5 Jahren liegt. Der zwischenartliche

Kampf und die Konkurrenz enden mit einem Sieg der Ulmen und der Haselnuß. Daher muß bei Vorhandensein von Kernwuchseichen (bei Einzelmischung) mit der ersten Pflege der Junghölzer möglichst früh begonnen werden.

Wenn vorher ein Aufrichten des Aufschlags durchgeführt wurde, muß die erste Pflege im Alter von 3 bis 4 Jahren erfolgen und bis zum zehnjährigen Alter im Durchschnitt aller 2—3 Jahre wiederholt werden. Im weiteren Verlauf bis zum 20jährigen Alter kann die Wiederholung der Pflege nach 3—5 Jahren erfolgen.

Eine in der Versuchsstation Trostjanez im vierjährigen Alter auf einem Schlage des frischen Ahorn-Linden-Eichen-Waldes mittels Korridoren von verschiedener Breite durchgeführte Auslichtung (PESTENKO, 1941) ergab nach 4 Jahren folgenden Ausfall in Prozenten der Aufschlagmenge zur Zeit der Pflege (wiederum bei stammweiser Mischung):

Tabelle 27

Art der Auslichtung	Ausfall in %	
	Eiche	Esche
Ohne Pflege	95,0	73,3
2 m breite Korridore	80,1	62,3
4 m breite Korridore	62,5	56,5
Volles Auslichten	46,1	49,2

Sogar 4 m breite Korridore können das Absterben der Eiche bei Einzelmischung mit anderen Holzarten infolge der erbitterten zwischenartlichen Konkurrenz nicht aufhalten.

PESTENKO folgert, daß ein volles Auslichten auf der ganzen Fläche nach 2 Jahren in Form von breiten (4 m) Korridoren, im dritten aber in Form von schmalen Korridoren erfolgen muß. Für die Praxis wird allerdings bei einem guten Holzabsatz eine volle Auslichtung nach 2 Jahren also im dritten zweckmäßiger sein als ein jährliches teilweises Auslichten.

Auf Schlägen, auf denen Aspe und Birke stark wuchern, ist die Eiche durch Auslichten — sogar bei jährlicher Wiederholung der Pflege — sehr schwer zu retten. In solchen Fällen ist eine nesterweise Verteilung der Eiche besonders erforderlich. Nur dann, wenn sich die Eiche in Gruppen, Horsten befindet, kann sie sich auf dem Schlage erhalten.

Das Auftreten von Aspe und Birke auf Schlägen ist in den Verhauen von Tula eine allgemeine Erscheinung. Als wichtigste Aufgabe erscheint bei Auslichtungen und Reinigungen die Rettung der Eiche vor einer Verdämmung durch diese Holzarten. Natürlich sind Haselnuß, Ausschlag von Linde, Ahorn u. a. nach ihrem

Schluß für die Eiche auch gefährlich, insbesondere wenn sie sich in Einzelmischung befindet.

In den Verhauen gibt es sehr gute künstliche und natürliche Eichenbestände, die als Folge einer öfteren Auslichtung und Reinigung entstanden sind.

In dichten Plätzekulturen kann die Pflege, wie bereits erwähnt, später und seltener durchgeführt werden. Uns scheint, daß die Pflegemethode nach dem Korridorprinzip ihrer Idee nach gut ist, wenn in der Reihe nicht einzelne, voneinander getrennt stehende Jungeichen, sondern Gruppen, Nester sich befinden und gepflegt werden.

Das gleiche kann auch in bezug auf die „Verjüngung" gesagt werden. Schon bei Auslichtungen und Reinigungen müssen Biogruppen der Eiche und ihre Begleiter eine Pflege erfahren. Biogruppen, Eichennester können und müssen unter dem Bestandesschirm durch entsprechende Hiebe bei der Hauptnutzung geschaffen, bei Kulturen aber sowohl unter dem Schirm als auch auf Schlägen begründet werden.

Eine gruppenweise Verteilung der Eiche ist besonders auf Schlägen erforderlich, auf denen sich die Grasvegetation, Aspe, Birke wie auch Haselnuß, Ausschlaglinde, Ahorn u. a. stark entwickeln.

Wenn Ausschlag und Kernwuchsexemplare auf dem Schlage horstweise verteilt sind und ein allgemeiner Schluß des Schirmes noch nicht erreicht ist, muß eine nesterweise Pflege erfolgen. Dabei sind sämtliche vorstehend erwähnten Regeln mit Belassen der Haselnuß dort, wo kein Aufschlag ist, einzuhalten.

Wenn die Pflege zu spät durchgeführt wird und die erhalten gebliebenen Kernwuchseichen stark aufgeschossen sind, muß die erste Auslichtung unbedingt im Frühjahr vor dem Laubausbruch erfolgen. Die jungen Eichen richten sich im Laufe des Sommers auf, erstarken und werden widerstandsfähiger gegen Schneedruck. Wenn die Auslichtung im Sommer oder Herbst durchgeführt wird, neigen sich die aufgeschossenen jungen Eichen, und der größte Teil wird vom Schnee gebrochen. Bei besonders starkem Auftreten der Haselnuß kann diese bisweilen, um ein öfteres Auslichten zu vermeiden, nach voller Laubentfaltung eingeschlagen werden, da sie dann langsamer als bei einem Frühjahrs- oder Herbsteinschlag nachwächst. Ein langsameres Wachsen der Haselnuß kann auch in den nächstfolgenden 2 Jahren beobachtet werden.

Auf diese Weise kann die Zeit zwischen den Auslichtungen um 1 Jahr verlängert werden. Bei einem Einschlag nach der Laubentfaltung ist der Arbeitsaufwand nach Beobachtungen von M. P. JAGUSCHIN in der Leschose Trostjanez um 10—20 % höher.

Bei einer Jungwuchspflege ist eine Bestimmung der Einschlagsintensität nach Prozenten der Stammzahl oder des Vorrats unzweckmäßig. Die Festlegung sowohl einer relativen als auch absoluten Menge des zu entnehmenden Holzes kann bei der Pflege von Kernwuchs-Jungbeständen keinen Vorteil bringen, da der Umfang des Einschlags jedesmal von einer Vielzahl von Faktoren (Menge der Verjüngung, Anteil der Kernwuchsexemplare und ihre flächenmäßige Verteilung, Artenzusammensetzung, allgemeiner Zustand des Jungwuchses) abhängen wird.

Bis zum zehnjährigen Alter ist es unserer Ansicht nach zweckmäßig, lediglich den Beginn der Pflege und deren Wiederholungszeiten festzulegen.

Pflegehiebe in Stangenhölzern
(Bestandeslockerung)

Bei rechtzeitiger und richtiger Pflege der Jungwüchse kann angenommen werden, daß sich die Zusammensetzung der Bestände im wesentlichen ausgebildet hat. Die weiteren Pflegemaßnahmen können sich nicht mehr wesentlich auf deren Veränderung auswirken. Wenn es nicht gelungen ist, die Hauptholzart in den Jungwüchsen zu erhalten, oder wenn diese nur in einem wirtschaftlich unbedeutenden Umfang erhalten geblieben ist, so können im Stangenholzalter durchgeführte Pflegemaßnahmen diese kaum noch zu einer wirtschaftlichen Bedeutung bringen. Eine Unterlassung von Pflegemaßnahmen in der Entwicklung eines mehrstufigen Bestandes kann aber die Zusammensetzung, die sich im Jungwuchs gebildet hat, verschlechtern. Daher bleibt die Sorge um die Zusammensetzung der Bestände auch bei deren Pflege im Alter von 20 bis 40 Jahren bestehen. Die Hauptaufgabe der Pflege im Stangenholzalter besteht aber in der Formung des Schaftes, der Krone und der Struktur des Bestandes.

Im Alter von 20 bis 40 Jahren zeichnen sich Eichen-Kernwuchsbestände durch eine große Wuchsenergie aus und reagieren merklich auf Eingriffe in den Bestand. Die Hauptaufgabe der Pflege im Stangenholzalter bei einem Anteil von Kernwuchseiche an der Zusammensetzung des Bestandes besteht darin, die Vorherrschaft der Kernwuchseiche und der Esche im Bestandesschirm aufrechtzuerhalten und eine mehrstufige Struktur des Bestandes zu erreichen. Daher müssen die einzuschlagenden Stämme sowohl aus dem Oberholz als auch aus dem Unterstand gewählt werden.

In den Verhauen von Tula erreichen Kernwuchsexemplare der Eiche und Esche im Lockerungsalter nicht vollzählig die Höhe des Oberholzes. Daher muß die Kernwuchseiche bei der Pflege von der Beschattung der Krone durch Ausschlag anderer Holzarten, wie Ahorn, Linde und besonders Aspe und Birke, befreit werden.

Indem eine gleichmäßige Verteilung der besten Stämme anzustreben ist, ist es erforderlich, durch Pflegehiebe Voraussetzungen für die Ausformung bester

Stämme in den Gruppen zu schaffen, in denen diese aus irgendwelchen Gründen fehlen. Wenn eine Jungwuchspflege falsch oder nicht oft genug durchgeführt wird, kann die erste Läuterung eine Entnahme von 25 bis 35 % der Masse durch Aushieb von Dürrholz sowie im Wachstum stark zurückgebliebener und beschädigter Stämme ergeben. Die Anleitung der Hauptverwaltung für Forstschutz vom Jahre 1941 empfiehlt bei einem Eingriff in frischen und feuchten Eichenwäldern eine Hiebintensität von 20 bis 30 % der Masse.

GORSCHENIN und andere (1935) setzen für hochproduktive Kernwuchs-Eichenwälder gleichfalls eine Entnahme von 15 bis 20 % des Vorrats an.

Der Wiederholungszeitraum für die Lockerung beträgt überall 5 Jahre (in der Anleitung des Ministeriums nach 5—7 Jahren).

Die aufgeführten Einschlagshöhen in Prozenten des Vorrats waren für Bestände festgesetzt, die vor der Lockerung entweder ohne Pflege oder unter schwachen, sich selten wiederholenden Pflegehieben herangewachsen sind.

Eine in Ahorn-Linden-Eichen-Wäldern durchgeführte Lockerung ergab eine starke Zuwachssteigerung des verbliebenen Bestandes. So haben von B. A. SCHUSTOW (1936) im Forstamt Tschugujewo-Babtschansk im Gebiet Charkow durchgeführte Lockerungsversuche in Eichenbeständen zu folgenden Ergebnissen geführt:

In einem 30jährigen Naturbestande aus Ausschlag- und Kernwuchseiche des Übergangstyps vom frischen zum trockenen Ahorn-Linden-Eichen-Wald wurde eine Probefläche mit drei Parzellen angelegt. Die mittlere Parzelle verblieb ohne Pflege, in den beiden äußeren wurde eine Pflege durchgeführt:

a) nach der schwachen Niederdurchforstung und
b) nach der starken Hochdurchforstung.

10 Jahre nach der Pflege erhielt B. A. SCHUSTOW folgende Zahlen:

Tabelle 28

	Ohne Pflege	Niederdurchforstung (schwach)	Hochdurchforstung (stark)
Bestandesvorrat vor der Pflege	123,4	128,3	126,6
Bei der Pflege entnommen (in Kubikmeter)	0,73	9,25	57,32
Entnommen in Prozent vom Vorrat	—	7,4	45,4
Bestandesvorrat 10 Jahre nach der Pflege	171,43	167,52	138,59
Massenzuwachs in 10 Jahren	42,8	51,94	69,65
Ausfall und Dürrholz in 10 Jahren	6,77	4,45	0,70
Gesamtleistung in 40 Jahren	178,93	181,22	196,62

Die von B. A. SCHUSTOW hinsichtlich der Steigerung des Massenzuwachses in 10 Jahren nach der starken Durchforstung erhaltenen Ergebnisse erscheinen überzeugend. Der mittlere Stammdurchmesser des Oberholzes betrug in der Parzelle mit starker Durchforstung 10 Jahre nach der Pflege 17,5 cm, in der schwach durchforsteten und ungepflegten aber 15,9 cm.

Das aufgeführte Beispiel der starken Lichtstellung des Schirmes kann aber nicht für sämtliche Pflegemaßnahmen in mittelalten Beständen empfohlen werden, da der Bestand, in dem die Pflege von B. A. SCHUSTOW durchgeführt wurde, bis dahin ohne eine solche herangewachsen und außerdem der überwiegende Teil der Bestände aus Ausschlag entstanden war. In Mischkulturen wird die Lockerung nach demselben Grundsatz wie in mehrstufigen Naturbeständen aus Kernwuchsverjüngung durchgeführt.

Die Intensität der Pflege muß jedoch stärker sein, da das Vorhandensein gleichaltriger, sich in der Entwicklung gegenseitig behindernder Exemplare dazu zwingt, beim Lockern eine größere Anzahl zu entfernen.

In Eichen-Reinkulturen muß, entsprechend den Forderungen der Niederdurchforstung, vorsichtiger geläutert werden, indem mehr oder weniger lebensfähige, im Wachstum zurückgebliebene Jungeichen als beschattende Bestandesschicht belassen werden.

In 20—40jährigen Beständen mit Eiche in Einzelmischung mit Aspe und Birke ist die Eiche, wie bereits gesagt, infolge der erbitterten zwischenartlichen Konkurrenz durch Pflegehiebe vor dem Eingehen schwer zu retten.

Von W. W. POPOW wurde in der Abteilung 55 des Forstamtes Krjukowo 1937 eine Probefläche in einem 14jährigen Eichenbestande angelegt. Diese war in drei Parzellen zu je 0,25 ha aufgeteilt. 1937 wurden in der ersten Parzelle 55 % des Vorrats, in der zweiten Parzelle 35 % eingeschlagen. Die dritte Parzelle diente der Kontrolle. Zur Zeit der Pflegehiebe befanden sich Aspe, Birke und Ausschlaglinde im Oberholz, die Eiche aber im Unterholz. Jetzt, 1948, d. h. nach 11 Jahren, ergab sich nach unseren Untersuchungen der Zustand der Eiche wie in Tabelle 29 dargestellt.

Tabelle 29

Nr. der Parzelle	Alter	1937 vom Vorrat entnommen	Eiche					Andere Holzarten			Dürrholz	
			Mittlerer Durchmesser in cm	Mittlere Höhe in m	Mittl. Höhe bis zum ersten grünen Ast	Mittl. Höhe bis zum ersten trocknen Ast	Stammzahl pro ha	Mittlerer Durchmesser in cm	Mittlerer Durchmesser in m	Stammzahl pro ha	Mittlerer Durchmesser in cm	Stammzahl pro ha
I	24	55	6,4	7,0	5	2,0	892	8		2778	3	463
II	24	35	7,2	8,7	6	2,2	812	8,6		2646	4	468
III	24	Kontrolle	10,2	—	—	—	460	10,3		2332	8	508

Die Zahlen der Tabelle 29 zeigen, daß der mittlere Durchmesser und die mittlere Höhe der Eiche in allen Fällen unbedeutend sind. Die Anzahl der Eichen, die sich erhalten haben, ist dort größer, wo mehr entnommen wurde. Aber auch die Stammzahl der anderen Holzarten, wie der Aspe, Birke, Linde u. a., ist in den Parzellen I und II größer als in der Kontrollparzelle.

Die Aspe, Birke, Ausschlaglinde u. a. befinden sich jetzt in allen Parzellen im Oberholz, die Eiche aber im Unterholz. Bei einer Einzelmischung der Eiche mit Aspe und Birke ist es unmöglich, die Eiche durch Pflegehiebe zu erhalten. Wenn sie sich in Gruppen befände, könnte sie erfolgreicher mit anderen schnellwachsenden Holzarten konkurrieren. Dann ist es auch möglich und ökonomisch vorteilhafter, seltener mittels Pflegehieben in das Leben des Bestandes einzugreifen.

OGIJEWSKI schlug, wie bereits gesagt, zur Bekämpfung der Aspe dichte Plätzekulturen vor.

Wie langjährige Erfahrungen der Eichennachzucht gezeigt haben, ist es bei Pflegehieben besser, Mischbestände zu erziehen, wenn es die naturgeschichtlichen Verhältnisse gestatten. Als Mischholzart ist Linde, gemeiner und Spitzahorn, Esche u. a. zu verwenden, wobei die Mischung aber eine nesterweise sein muß. Mischbestände sind leistungsfähiger und werden besser Wasserschutz- und allgemeinen Schutzaufgaben gerecht. Dieser Ansicht sind fast alle Forstwirte. T. D. LYSSENKO ist der Meinung, daß mittels dichter Saaten in Waldstreifen leichter Mischbestände unter Steppenverhältnissen begründet werden können. Diese Frage haben wir bereits früher ausführlicher besprochen. An dieser Stelle wollen wir nur noch ein Beispiel anführen:

In der Abteilung 126 des staatlichen Naturschutzgebietes der „Verhaue von Tula“ wurden nebeneinander zwei Bestände unter gleichen Verhältnissen und von gleichem Alter begründet: ein Eichen-Reinbestand und ein Eichen-Linden-Mischbestand. Die in Tabelle 30 aufgeführten Ergebnisse zeigen, daß die Eiche im Reinbestand einen kleineren, mittleren Durchmesser, eine niedrigere Höhe hat und eine schlechtere Astreinigung aufweist. Der Vorrat des Reinbestandes ist größer, der Anfall an Starkholz aber geringer.

Tabelle 30

Wachstum der Eiche im Eichen-Reinbestand und im Eichen-Linden-Mischbestand (Abteilung 126 des staatlichen Naturschutzgebietes der „Verhaue von Tula“)

Kulturverfahren	Zusammensetzung des Bestandes	Alter	Mittlerer Durchmesser in cm	Mittlere Höhe in m	Stammzahl pro ha	Bestandesschluß
Reihenkultur . . .	10 Ei	45	17,8	17	580	0,8
Reihenkultur . . .	4 Ei, 6 Li	45	20/15 [1])	18/15 [1])	337	0,8

1) Im Zähler — Eiche, im Nenner — Linde.

Bekanntlich stellt sich die Eiche als lichtbedürftige Holzart sehr licht, und es ist schwer, einen solchen Schlußgrad aufrechtzuerhalten, der eine Entwicklung der Grasvegetation, die auch noch im späteren Alter als ärgster Feind der Eiche angesehen werden muß, nicht zuläßt.

In Naturwäldern hat sich die Eiche gleichzeitig mit ihren Begleitholzarten, wie Linde, Ahorn. Esche, Hainbuche u. a., entwickelt, die ihr nicht nur in der Jugend, sondern auch im hohen Alter helfen, die Grasvegetation zu bekämpfen. Die Eiche allein stellt sich im Alter so licht, daß sich eine Grasvegetation entwickeln kann, die bei Fehlen der Begleitholzarten imstande ist, das Territorium der Eiche zu erobern.

Pflegehiebe in annähernd reifen Beständen
(Durchforstungen)

Die Aufgabe der Pflegehiebe in annähernd reifen Beständen besteht, wenn diese unter einer richtigen Pflege herangewachsen sind, in einer Steigerung des Zuwachses der besten Stämme.

Zur Steigerung des Zuwachses ist erforderlich, den im Bestande verbliebenen Stämmen einen größeren Wuchsraum zu geben. Der Grad der Auflockerung des Schirmes darf jedoch gewisse Grenzen nicht überschreiten und hängt vom Zustand und der Struktur des Bestandes ab. In mehrstufigen Beständen mit einer gut entwickelten zweiten Etage und einem Unterholz kann die Intensität des Lichtens stärker als in Eichen-Reinbeständen oder in Mischbeständen mit einer schwach entwickelten zweiten Etage und schwachem Unterholz sein.

Bei den ersten Durchforstungshieben, die sich meistens in einem Abstand von 10 Jahren wiederholen, muß die Hiebsintensität im Oberholz schwächer als bei den letzten Hieben sein, die 10 Jahre vor dem Endnutzungshiebe eingestellt werden. In sämtlichen Fällen, in denen ein starkes Lichten des Oberholzes und der zweiten Etage zulässig ist, darf das aber keine Bildung und Entwicklung der Grasvegetation nach sich ziehen (Halmpflanzen). Eine Entwicklung von Halmpflanzen ist das Zeichen einer zu starken Auflockerung des Schirmes. Bei der Pflege annähernd reifer Bestände ist zu berücksichtigen, daß die Bäume in diesen nicht mehr so energisch wie im Jugendalter wachsen und die Auswahl sowohl der besten als auch der im Wachstum etwas rückständigen Stämme mit Vorsicht getroffen werden muß.

Die Aspe ist im Alter von 40 bis 50 Jahren fast vollständig von Fäule befallen und muß daher bei der ersten Durchforstung unbedingt entfernt werden. Nur die besten Stämme, die absolut frei von Fäulnismerkmalen sind, können bis zur letzten Durchforstung belassen werden. Ebenso ist mit den besten Stämmen der Birke zu verfahren. Aspe und Birke bis zur Endnutzung zu belassen, ist in der Regel nicht zu empfehlen, da die Aspenschößlinge und der Birkenanflug die nachfolgende Pflege der Jungwüchse erschweren.

Bei einer starken Lichtung des Oberholzes unter Belassung des Unterholzes als Bodenschutz entwickelt sich die Krone der Eiche nach allen Seiten hin, und der Bestand wächst energischer, als wenn der Bestandesschluß keine Unterbrechung erfahren hat.

Durch ein solches Erziehungsverfahren bei Eichenbeständen ist es im Spessart gelungen, wie WESSELOWSKI berichtet, in 250 Jahren Eichen gleicher Dimensionen aufzuziehen, wie sie früher nur in 300 Jahren erhalten wurden. Bei einer starken Auslichtung von Eichenbeständen in annähernd reifem und reifem Alter ist zu befürchten, daß sich an der Eiche Wasserreiser bilden. Daher halten wir es für notwendig, kurz bei den Ursachen zu verweilen, die an der Eiche Wasserreiser hervorrufen.

Ich habe oft beobachten können (im Schiffswald-Forstamt „Korabeljnoje lesnitschestwo" im Gebiet Shitomir, in der Leschose Buda-Kaschelewsk im Gebiet Gomel und anderen Eichenwäldern, die ich 1947—1948 besuchte), daß im Laufe von 70—80 Jahren im geschlossenen Bestande aufgewachsene Eichen nach ihrer Freistellung keine Wasserreiser hatten; an Eichen in geschlossenen (bis 0,9), 60—70jährigen Beständen (z. B. in den Verhauen von Tula, wo die Eichenbestände 1940 stark durch Frost gelitten hatten) aber solche auftraten. Somit kann die Bildung von Wasserreisern, wie das schon in der Literatur nachgewiesen ist, nicht mit der Freistellung der Eiche in Zusammenhang gebracht werden. Wasserreiser oder Stammlohden können durch Einwirkung verschiedener Faktoren auf den Stamm entstehen. Sie bilden sich, wenn die Krone ganz oder teilweise beschnitten wird, wenn das Laub von Raupen vernichtet oder durch Frost beschädigt wird, wenn der Baum stark unter Dürre zu leiden beginnt. Ein plötzliches Freistellen von umgebenden Nachbarstämmen bewirkt gleichfalls öfters eine längere Störung der normalen Lebenstätigkeit vieler freigestellter Bäume. Diese Störung führt zu einer Bildung von „Stammlohden".

Der physiologische Vorgang der Funktionsstörung des Baumes bei plötzlicher Freistellung ist bis jetzt noch nicht vollkommen geklärt. In Zusammenhang mit der Tatsache, daß diese Funktionsstörungen oft zu Zopfdürre und zur Bildung von Wasserreisern (Stammlohden) führen, ergibt sich die Erklärung, daß die Bildung von Stammlohden die Ursache für die Entstehung von Zopfdürre zu sein scheint, die Stammlohden selbst aber infolge einer verstärkten Belichtung der Präventivknospen nach der Freistellung des Baumes entstehen.

Gegen diese Erklärung wurde jedoch Widerspruch erhoben. Dieser fußt darauf, daß bei plötzlich freigestellten Bäumen bisweilen einerseits eine Zopfdürre ohne

Bildung von Stammlohden, andererseits Stammlohden ohne Zopfdürre beobachtet werden kann.

In der speziellen Arbeit A. G. MARTSCHENKOS über Zopfdürre der Eichenüberhälter sowie in der Arbeit von O. G. KAPPER ist die recht wichtige These aufgestellt, daß die Bildung von Wasserreisern mit der Entwicklung der Krone zusammenhängt, wobei die größte Anzahl von Wasserreisern für Bäume mit schwach entwickelter Krone kennzeichnend ist.

Die Bildung von Wasserreisern kann sowohl in geschlossenen als auch gelichteten Beständen beobachtet werden. Es stellt sich heraus, daß die Bäume sich um so stärker mit Wasserreisern bedecken, je unterdrückter sie im Bestande zur Zeit der Freistellung waren, und daß Zopfdürre hauptsächlich bei stark unterdrückten Bäumen zu finden ist. Bäume mit stärkerer Lebenstätigkeit weisen meistens nicht nur keine Zopfdürre auf, sondern bilden sehr oft auch keine oder nur in geringem Umfang Wasserreiser. Eine intensive Tätigkeit der Krone hemmt die Entwicklung der Präventivknospen zu verlängerten Trieben. Eine Schwächung dieser Tätigkeit begünstigt deren Entwicklung. Sie beginnen zu treiben und bilden Stammlohden. In großer Anzahl entstandene Stammlohden wirken sich dermaßen stark auf die Krone aus (hemmen ihre Entwicklung), indem sie deren Schwächung beschleunigen und zur Bildung von Zopfdürre führen. Eine geringe Schwächung der Tätigkeit der Krone ruft entweder überhaupt keine Bildung von Stammlohden oder nur eine unbedeutende Anzahl hervor. In diesem Fall ist deren Auswirkung auf die gut entwickelte Krone nicht imstande, eine Zopfdürre hervorzurufen.

Wenn die Faktoren aber, die die Schwächung der Krone infolge Freistellung des Baumes hervorrufen, genügend mächtig sind, kann das Absterben des Wipfels und sogar des ganzen Baumes auch ohne Beteiligung von Stammlohden erfolgen, da sie dann selbst der Einwirkung dieser Faktoren oder deren Folgen ausgesetzt sein können. Im allgemeinen wird die Bedeutung der Stammlohden in diesen Fällen mehr oder weniger begrenzt sein. Wenn also Bäume im Bestand nicht unterdrückt und mit normaler Kronenentwicklung bis zu einem Alter von 60 bis 70 Jahren gewachsen sind und sich entwickelt haben, werden sich auch bei stärkerem Auslichten keine Stammlohden bilden.

Hiebsverfahren der Hauptnutzung

Die Geschichte der Hauptnutzungshiebe in Eichenwäldern der UdSSR zeigt, daß das vorherrschende Hiebsverfahren der Kahlschlag mit verschiedener Größe der Schläge bildete, die in einzelnen Fällen bis zum Einschlag ganzer Abteilungen anstieg. Die Anwendung von Schirmschlägen und Plenterhieben trug lange Zeit den Charakter von Versuchen.

Ein Ersatz der Kahlschläge durch waldbaulich vollkommenere Schirmschläge wurde im 19. Jahrhundert in Erwägung gezogen, als der Zustand der Eichenwälder Besorgnis zu erregen begann. In größerem Umfang haben diese jedoch keine Anwendung gefunden. Die Mißerfolge bei der Eichennaturverjüngung auf Kahlschlägen wurden lange Zeit gerade dem Hiebssystem zugeschrieben. Besonders leidenschaftlich wurden Kahlschläge von A. N. Ssobolew beanstandet, obgleich zu dieser Zeit (Anfang des 20. Jahrhunderts) bereits festgestellt war, daß der Erfolg der Eichenverjüngung nicht vom Hiebssystem, sondern von einer rechtzeitigen Pflege des Eichenaufschlags abhängt.

„Kahlschläge können bei entsprechender nachfolgender Pflege des Aufschlags zu guten Ergebnissen führen", schrieb G. F. Morosow, und weiter: „Gegen Kahlschläge, die in Eichenwäldern Rußlands am meisten Anwendung finden, ist im Grunde genommen nichts einzuwenden."

Somit hat die langjährige Anwendung von Kahlschlägen in Eichenwäldern dieses Hiebsverfahren nicht in Verruf gebracht, sondern dieses als Grundverfahren bestehen gelassen.

M. E. Tkatschenko empfiehlt bei Kahlschlägen in südlichen Gebieten, in denen oft die Notwendigkeit einer Rekonstruierung der Zusammensetzung des Bestandes besteht, neue Holzarten einzubringen und besonders die Kulturarbeiten zu mechanisieren. Da Maschinen in Zukunft bei der Bodenbearbeitung auf Kahlschlägen, bei Pflanzungen und Saaten eine weitaus größere Bedeutung als zur Zeit haben werden, ist damit auch Kahlschlägen im Waldbau der Zukunft eine feste Stellung gesichert.

Auf Grund unserer beschränkten Untersuchungen sowie der Arbeiten einer Reihe von Verfassern über die Frage der Hiebsverfahren können einige Vorschläge unterbreitet werden.

Die Bildung von Aufschlag unter dem Bestandesschirm in einer Menge, die eine zuverlässige Verjüngung vollständig gewährleisten kann, veranlaßt zu der Annahme, daß sogar bei dem zur Zeit bestehendem Kahlschlagverfahren diese (die Verjüngung) vollauf zufriedenstellend ist, jedoch eine rechtzeitige Pflege erfordert. Die Verringerung der Aufschlagmenge auf Schlägen, die mit der Veränderung der Umweltverhältnisse verbunden ist, der in gewissem Sinne ungünstige Zustand des Aufschlags sowie der lange Zeitraum, den die freigestellten Jungeichen zu ihrem Erholen und zum Anpassen an die neuen Verhältnisse benötigen, zwingen aber zu der Einsicht, daß der Kahlschlag nicht als ein Hiebssystem anzusehen ist, das in allen Fällen am besten den Belangen der Verjüngung gerecht wird. Bei seiner Anwendung geht ein gewisser Teil des Aufschlags zugrunde, neuer Aufschlag bildet sich auf den Schlägen nicht, der alte kränkelt und die Schläge vergrasen, was das Erholen des Aufschlags besonders behindert.

Von diesen Erwägungen ausgehend muß zugegeben werden, daß Kahlschläge in den Verhauen von Tula nicht den Aufgaben dieses wertvollen Massivs hinsichtlich der Wasserregelung und des Naturschutzes entsprechen.

Daher ist es erforderlich, ein solches Hiebssystem und Hiebsverfahren zu finden, das

1. die Unversehrtheit des bereits unter dem Bestandesschirm vorhandenen Aufschlags gewährleistet,

2. dessen Bildung dort hervorruft, wo wenig Aufschlag vorhanden ist,

3. den Schlag vor Vergrasung bewahrt,

4. eine normale Zusammensetzung der zukünftigen Bestände sichert, indem die Möglichkeit eines Holzartenwechsels und einer Entstehung vorübergehender Formen ausgeschaltet wird,

5. für die Exploitation nicht unbequemer als das Kahlschlagsystem ist.

Ohne im voraus zu entscheiden, welches Hiebssystem es sein wird und welchen Charakter dessen einzelne Maßnahmen tragen werden, kann trotzdem schon die Richtung aufgezeigt werden, die dieses Hiebssystem verfolgen wird.

Auf Grund unserer Beobachtungen und Untersuchungen ergibt sich, daß auf Schlägen eine gruppen- und horstweise Verteilung des Eichenaufschlags geschaffen werden muß. Nur so können wir den jungen Eichen die Möglichkeit geben, erfolgreicher den Kampf sowohl mit Grasvegetation und Aspe (die als häufiger Begleiter der Eiche auf Schlägen in den Verhauen erscheint) als auch mit Haselnuß, Ausschlaglinde und anderen schnellwachsenden Arten zu bestehen.

Die Frage ist aber, ob wir imstande sind, eine gruppen-, nesterweise Verteilung des Eichennachwuchses auf Schlägen zu erreichen. Gruppen von Eichenaufschlag können nur unter dem Bestandesschirm in Lücken geschaffen und aufgezogen werden. Bekanntlich bildet sich Eichenaufschlag unter dem Schirm überall da, wo keine Vergrasung erfolgt ist. Dort kann er sich 2—3 Jahre normal entwickeln. Danach ist ein Lichten des Bestandes erforderlich. Starke Lichtstellung führt zur Bildung von Halmpflanzen, die die Eiche besonders bedrängen. Bei unzureichender Lichtstellung ist aber die Länge des Lichttages für eine Entwicklung des Eichenaufschlags zu kurz. Nur in Lücken kann die Eiche alle für ihre Entwicklung erforderlichen Voraussetzungen — einen langen Lichttag, keine Halmpflanzen — finden. Unter den Verhältnissen der Naturwälder hat sich die Eiche gerade so entwickelt.

Aus diesem Grund schlagen wir vor, 1—2 Jahre nach einem Mastjahr auf der ganzen Fläche gleichmäßig verteilt kleinere Lücken einzuschlagen. Dabei werden etwa 35 % des Vorrats entnommen. Der übrige Teil des Bestandes wird nach 3—7 Jahren, abhängig davon, wann der Bestand zum Einschlag kommt, in einer Hiebsphase abgetrieben. Auf diese Weise ist es möglich, den Eichenaufschlag von einem Mastjahr bis zum nächstfolgenden (in den Verhauen von Tula wiederholen sich Mastjahre nach 7—8—10 Jahren) zu erhalten, damit die Eiche auf den Schlägen die Konkurrenz der anderen Pflanzen bestehen und allen Unbilden widerstehen kann. In den ersten 2 Jahren können Kahlschläge Anwendung finden. Die Lücken werden, im Gegensatz zu Gruppen-Plenterhieben, im weiteren Verlauf nicht erweitert. Falls andere Holzarten sich in den Lücken stark zu entwickeln beginnen und der Eiche eine Unterdrückung droht, muß zu deren Pflege geschritten werden.

Wenn der Eichenaufschlag in den Lücken unzureichend ist, können Eichelsaaten durchgeführt werden.

Unser Vorschlag unterscheidet sich von früher vorgeschlagenen Hiebsverfahren der Hauptnutzung für Eichenwälder. Früher haben sowohl KORNAKOWSKI als auch KRASNOPOLSKI, JUNASCH, W. W. POPOW, PJATNIZKI und andere solche Maßnahmen für Hauptnutzungshiebe vorgeschlagen, die eine gleichmäßige Bildung von Eichenaufschlag auf der ganzen Fläche bezweckten, um eine Einzelmischung der Eiche auf Schlägen zu erreichen.

Wir schlagen gleichfalls eine gleichmäßige Verteilung des Eichenaufschlags vor, jedoch nicht einzelner Eichen, sondern ganzer Gruppen und Nester.

Damit der Eichenaufschlag unter dem Bestandesschirm sich halten kann, empfehlen die genannten Verfasser ein gleichmäßiges Lichten des Mutterbestandes durch Aushieb des hohen und niederen Unterholzes zu verschiedener Zeit nach der Bildung des Aufschlags. Wir sind der Ansicht, daß auf diese Weise günstige Voraussetzungen für die Entwicklung und Erhaltung des Eichenaufschlags für 6—8 Jahre gegeben sind, so daß diese Menge nach dem Einschlag für die Sicherstellung einer Naturverjüngung ausreicht. Davon haben wir uns beim Besuch der JUNASCHschen Versuchsflächen im Schipow-Wald (Gebiet Woronesh) und der Versuchsflächen W. W. POPOWS in den Verhauen von Tula überzeugen können.

Der Nachteil dieser Hiebe besteht aber darin, daß die Jungeichen auf den Schlägen vereinzelt im Kampf mit der Grasvegetation, der Aspe und anderen Umweltfaktoren stehen und Pflegemaßnahmen erforderlich sein werden. Der Aushieb des Unterholzes sowie eines Teiles der Unterschicht auf der ganzen Fläche wird ökonomisch unvorteilhafter sein, als Lücken einzuschlagen. Eine Pflege von Gruppen, Nestern wird sowohl unter dem Schirm als auch auf Schlägen leichter als eine Pflege einzelner Eichen sein.

Natürlich bedarf das von uns vorgeschlagene Hiebsverfahren der Hauptnutzung einer Überprüfung durch Versuche, bevor es zur Anwendung in der Praxis empfohlen werden kann. Es können auch einige Änderungen erforderlich sein. Die Idee ist aber unseres Erachtens zweifellos richtig.

Schlußfolgerungen

Abschließend können wir aus unserer Arbeit folgende allgemeine Schlüsse ziehen:

1. Erfahrungen der Eichennachzucht bekräftigen die Richtigkeit der von T. D. LYSSENKO aufgedeckten biologischen Gesetzmäßigkeiten vom Fehlen eines innerartlichen Kampfes und einer gegenseitigen Hilfe bei Pflanzen und Tieren und vom Bestehen eines zwischenartlichen Kampfes und einer gegenseitigen Hilfe bei diesen.

Diese These gibt den Forstwirten große Möglichkeiten, die Widerstandsfähigkeit der Eichenwälder zu heben und ihre Produktivität zu steigern.

2. Die Ursache sowohl für die erfolglose Naturverjüngung aus Samen als auch die künstliche Verjüngung der Eichenwälder im Verlauf der ganzen Geschichte ihrer Bewirtschaftung ist im wesentlichen darin zu sehen, daß die Eiche sich in Einzelmischung mit stark konkurrierenden Holzarten befand. Die Hauptholzarten sind nicht in Einzelmischung, sondern in Nestern gruppenweise anzuordnen, um keiner anderen Art die Möglichkeit zu geben, die Hauptholzart — die Eiche — im Jugendalter zu unterdrücken.

Die Mehrzahl der Verfasser, die die Naturverjüngung der Eichenwälder aus Samen und die Eichenkulturen studierten, haben diesen Umstand nicht in Betracht gezogen.

3. Von der Theorie T. D. LYSSENKOS von der stadienmäßigen Entwicklung der Pflanzen ausgehend, müssen bei der Naturverjüngung der Eichenwälder zwei Grundstadien des Verjüngungsprozesses berücksichtigt werden:

a) das Stadium der Bildung der Verjüngung (einschließlich der ersten 2—3 Jahre),

b) das Stadium ihrer Entwicklung.

Zu den Faktoren, die die Bildung eines Aufschlags nach dem Abfall der Eicheln bestimmen, gehören das Fehlen einer Grasvegetation und das Vorhandensein einer für Eichenwälder typischen Bodendecke, oder genauer, die Feuchtigkeitsverhältnisse der Umwelt, in denen das Keimen der Samen erfolgt, freier Zutritt von Sauerstoff und Wärme. Das Licht übt im ersten Stadium des Verjüngungsprozesses keinen entscheidenden Einfluß aus.

Zu den Faktoren, die das Stadium der Entwicklung des Eichenaufschlags und sein Fortbestehen unter dem Bestandesschirm bestimmen, gehört, wie vorstehend erwähnt, das Licht, ein langer Lichttag.

4. Nach unseren Untersuchungen ist die größte Menge eines gesunden Eichenaufschlags im Entwicklungsstadium bei einem Bestandesschluß von 0,5 vorhanden (bei einem Schluß des Unterholzes von 0,2). Bei höherem oder niedrigerem Schlußgrad sinkt die Aufschlagsmenge allmählich. Dieses Sinken bei höherem Schlußgrad ist begreiflich und auf einen Mangel an Licht zurückzuführen. Das Sinken der Aufschlagsmenge bei niedrigerem Bestandesschluß kann auf eine stärkere Vergrasung des Bodens, eine stärkere Entwicklung der Grasdecke und derjenigen Vertreter derselben zurückgeführt werden, die ein Graspolster bilden. Wenn die Dichte des Unterholzes bei dem jeweiligen Bestandesschluß größer oder kleiner ist, wird die maximale Aufschlagsmenge nicht bei einem Schlußgrad des Schirmes von etwa 0,5, sondern von etwa 0,6 bis 0,7 oder 0,4 bis 0,3 gegeben sein.

Die Aufschlagsmenge unter dem Bestandesschirm des gegebenen Waldtyps — frischer Eichenwald (D_2) — schwankt, in Abhängigkeit vom Schlußgrad des Schirmes und vom Entwicklungsgrad des Unterholzes, in recht weiten Grenzen. Besser entwickelt sich aber der Eichenaufschlag nach seiner Bildung unter dem Bestandesschirm in Lücken, wenn in diesen keine Grasvegetation vorhanden ist.

Auf Grund der Erfahrungen bei der Naturverjüngung und unserer Untersuchungen ist es in wirtschaftlicher Beziehung weit zweckmäßiger, den Eichenaufschlag auszunutzen, der sich in Lücken erhalten hat, da dieser besser den Unbilden auf Schlägen widerstehen kann.

5. Unter dem Bestandesschirm befindet sich der Eichenaufschlag gewissermaßen in einem „konservierten" Zustand. Im Laufe der ersten 2—3 Lebensjahre erreichen sowohl dessen oberirdische als auch dessen unterirdische Teile gewisse Ausmaße. Im Verlauf des weiteren Vegetierens unter dem Schirm werden seine Lebensfunktionen durch Lichtmangel stark gehemmt.

Der Zuwachs des oberirdischen und unterirdischen Teiles ist unbedeutend. Die ganze Tätigkeit des Aufschlags ist auf die Wiederherstellung der absterbenden Organe des oberirdischen Teiles gerichtet, die hauptsächlich infolge ungünstiger Lichtverhältnisse vertrocknen. Unter den Verhältnissen der Verhaue von Tula kann der Eichenaufschlag unter dem Bestandesschirm ein Alter von 8 bis 10 Jahren erreichen.

6. Als Hauptmoment, das für den Eintritt einer Naturverjüngung der Eichenwälder als allgemein bestimmend erscheint, ist das Fruchten — insbesondere dessen Periodizität — anzusehen. Die letztere ist in den einzelnen geographischen Zonen äußerst verschieden. Ein ausgiebiges Fruchten der Eichen hat aber noch keine zufriedenstellende Besamung der Fläche zur Folge.

Als Faktor, der den Verjüngungserfolg der fruchtenden Eichen mindert, bisweilen aber einen solchen vollständig ausschaltet, erscheint die Beschädigung der Eicheln durch den Eichelrüßler, den Eichelwickler und Mäuse. Ebenso verursacht die Waldweide, auch wenn sie geregelt wird, einen beträchtlichen Schaden.

7. Auf Schlägen bleibt die Art der Verteilung des Aufschlags die gleiche, wie sie unter dem Schirm war, während sich die Menge aber verringert. Das ist einerseits der Veränderung der Umweltverhältnisse nach Abtrieb des Bestandes, andererseits aber der Beschädigung des Aufschlags beim Holzeinschlag in schneelosen oder schneearmen Wintern sowie bei nicht rechtzeitiger Abfuhr des Holzes vom Schlage zuzuschreiben. Nachteilig wirkt sich auch die Einzelverteilung der Pflanzen aus.

Eine zusätzliche Besamung der Schläge durch abfallende Eicheln angrenzender Waldsäume erfolgt, wenn eine solche auch stattfindet, in äußerst beschränktem Maße und auf einem verhältnismäßig schmalen Streifen entlang des Waldsaumes. Wenn Eicheln auf einen Boden fallen, der bereits mit stark entwickeltem Ausschlag bedeckt und mit einer dichten Grasdecke überzogen ist, so kümmern die Keimlinge in der Regel, ohne sich richtig zu entwickeln, oder die gekeimten Eicheln können sich nicht einwurzeln. Das Belassen von Samenbäumen auf Schlägen ist, wie die Praxis gezeigt hat, für die Naturverjüngung belanglos.

8. Eine natürliche Verjüngung durch Stummeln ist möglich, wenn diese rechtzeitig auf den Stock gesetzt werden. Dadurch beginnt die Eiche besser zu wachsen und sich schneller zu entwickeln. Diese Jungeichen stehen hinsichtlich technischer Eigenschaften Kernwuchseichen nicht nach.

Wünschenswert ist es, die Stummeln auf Schlägen in Reihen geordnet auf den Stock zu setzen, um deren künftige Pflege zu erleichtern.

9. Unsere Untersuchungen haben gezeigt, daß auf Schlägen, auf denen der Eichenjungwuchs von Halmpflanzen umgeben ist, dieser einen zwei- bis dreimal schwächeren Zuwachs als inmitten von Waldgräsern aufweist und stärker unter Frost leidet. Die Blätter haben hier eine gelbliche Färbung und leiden im Sommer stärker unter Sonnenbrand, während die Blätter der von einer Waldvegetation umgebenen Eichen eine dunkelgrüne Farbe haben.

Die typische Krautvegetation der Eichenwälder kann kein Feind des Eichenjungwuchses sein. Sie hat mit der Eiche einen gemeinsamen Feind — die Halmpflanzen.

Auf Plätzen (2×1 m) ist der Zustand von Eichengruppen und Nestern inmitten von Halmpflanzen schlechter als inmitten einer Baumvegetation (Linde, Ahorn u. a.); sie weisen ein höheres Ausfallprozent auf und haben geringere Durchmesser und Höhen.

Interessant ist, daß, wenn die Plätze mit Halmpflanzen umgeben sind, die stärksten Jungeichen sich meistens im Zentrum des Platzes befinden.

Nach der Mendel-Morganschen „Theorie" gibt es eine innerartliche Konkurrenz, die, weil die Individuen der jeweiligen Art gleiche Bedürfnisse haben, schärfer als die zwischenartliche ist. Die stärksten Jungeichen müßten daher am Rande des Platzes stehen. Dort sind sie aber schwächer entwickelt.

Zwischen der Eiche und anderen Arten kann eine gegenseitige Hilfe und Konkurrenz verschiedenen Grades beobachtet werden. So wächst z. B. die Eiche unter den Verhältnissen der Verhaue von Tula im frischen Eichenwalde (D_2) nach unseren Untersuchungen mit Erbsenstrauch als Treibholz zweieinhalbmal schneller als inmitten von Halmpflanzen und eineinhalbmal schneller als mit Haselnuß.

10. Nach unseren Untersuchungen hat die an offenen Stellen angelegte dichte Plätzekultur im 50jährigen Alter (Verhaue von Tula) einen Durchmesser von 20,7 cm bei einer Höhe von 19 m, eine Reihenkultur jedoch einen Durchmesser von 18,4 cm und eine Höhe von 18 m. Die dichte Plätzekultur weist eine bedeutend bessere Astreinigung auf und hat einen um 33 % höheren Vorrat als die Reihenkultur.

Auf Schlägen, die sich mit Ausschlag überzogen haben, hat die dichte Plätzekultur (frischer Eichenwald D_2) auf unseren Probeflächen im Alter von 31 bis 37 Jahren einen um 20—40 % höheren Vorrat als die Reihenkultur.

Die Anzahl der Eichen auf Plätzen, die von Eichen benachbarter Plätze umgeben sind, ist etwa zweimal größer als auf Plätzen, auf denen die Eiche durch die Aspe unterdrückt ist. Die mittlere Höhe und der mittlere Durchmesser der Eiche sind auf Plätzen in einer Umgebung von Eichen höher als auf Plätzen, die von Aspe und anderen Holzarten umgeben sind.

Daher sind wir der Ansicht, daß es zweckmäßiger ist, an offenen Stellen Eichenkulturen nach dem Verfahren von T. D. LYSSENKO durch Nestersaaten in Verbindung mit einer landwirtschaftlichen Nutzung zu begründen.

Auf Schlägen mit Aspen- und Birkenausschlag sind Eichenkulturen nur durch Nestersaaten oder durch Pflanzung nach dem Verfahren von W. D. OGIJEWSKI zu begründen.

Auf Schlägen mit starker Entwicklung von Holzarten, wie Linde, Feldahorn, Spitzahorn, Esche, Haselnuß u. a., dürfen Eichenkulturen ebenfalls nicht nach dem Prinzip der Einzelmischung begründet werden, da das Nesterverfahren den Vorteil hat, daß bei diesen Verhältnissen eine Pflege sehr selten durchgeführt zu werden braucht oder sich sogar erübrigen wird.

11. Besonders interessant ist der Versuch W. D. OGIJEWSKIS mit Saaten von Eicheln verschiedener geographischer Herkunft — aus den Gebieten Tula, Woronesh und Kasan — in Reihensaat und dichter Plätzekultur. In allen Fällen sind dichte Plätzekulturen hinsichtlich Vorrat und Astreinigung besser als Reihenkulturen.

Bei Gegenüberstellung der Ergebnisse dichter Kulturen aus Eicheln verschiedener geographischer Herkunft kann festgestellt werden, daß in der dichten Kultur aus Tula-Eicheln (örtliche) der Holzvorrat am höchsten ist und den Vorrat aus Woronesh-Eicheln um 20 % und aus Kasan-Eicheln um 29 % übersteigt.

Eine Gegenüberstellung der Ergebnisse der Reihenkulturen aus Eicheln verschiedener geographischer Herkunft zeigt, daß der Vorrat der Reihenkultur aus Tula-Eicheln am höchsten ist und den Vorrat der Reihenkultur aus Woronesh- und Kasan-Eicheln um das Fünffache übersteigt.

Bei einem Vergleich des Zustands der Eiche aus Woronesh-Eicheln in der dichten Plätzekultur und in der Reihenkultur ergibt sich, daß der Vorrat der dichten Plätzekultur etwa sechsmal den Vorrat der Reihenkultur übersteigt.

Eichenkulturen aus Kasan-Eicheln haben in der dichten Plätzekultur einen fünfmal höheren Vorrat als in Reihenkulturen. Der Vorrat der Eichenkulturen aus Tula-Eicheln zeigt gleichfalls eine Abhängigkeit vom Kulturverfahren: In der dichten Plätzekultur ist er um 20 % höher als in der Reihenkultur.

Auf der Fläche der dichten Plätzekultur sind doppelt so wenig Aspen anzutreffen wie in der Reihenkultur. Beim Nesterverfahren hat die Eiche die Aspe verdrängt, in der Reihenkultur aber die Aspe die Eiche. Besonders trifft dies für die Eichen aus Kasan- und Woronesh-Eicheln zu, die unter den jeweiligen Verhältnissen für Reihenkulturen weniger geeignet sind.

Alle diese Angaben veranschaulichen gleichfalls den Vorzug der dichten Plätzekultur: Jeder Platz ist im Vergleich zu einzelnen Eichen der Reihenkultur widerstandsfähiger gegen schädliche Umwelteinflüsse.

Die Ursachen für diese Ergebnisse können nur ausgehend von der These T. D. LYSSENKOS vom Fehlen einer innerartlichen Konkurrenz und einer gegenseitigen Hilfe und der Anerkennung eines zwischenartlichen Kampfes und einer gegenseitigen Hilfe Erklärung finden.

12. Versuche in der Baumschule von Sofia mit Kulturen aus Eicheln verschiedener geographischer Herkunft — des Gebietes von Sofia und aus Ostbulgarien (aus Auegebieten) — haben bei phänologischen Beobachtungen gezeigt, daß Bestände aus Eicheln örtlicher Herkunft (Sofia) den Laubausbruch um 2 Wochen später abschließen als Bestände aus Eicheln ostbulgarischer Herkunft.

Ein großer Unterschied zeigt sich auch in der Stammform. Die Eiche aus ostbulgarischen Eicheln ist sehr krummwüchsig, während die Eiche aus örtlichen (Sofia) Eicheln fast absolut geradschäftig ist.

Bestände aus örtlichen Eicheln sind bedeutend höher, haben einen größeren Durchmesser und höheren Vorrat (12—24 %) als Bestände aus Eicheln Ostbulgariens.

Unsere angestellten Versuche mit Kulturen aus Eicheln verschiedener geographischer Herkunft zeigen, daß unter den Verhältnissen des Gebietes von Tula wie auch des Gebietes von Sofia zur Begründung leistungsfähiger und qualitativ wertvoller Eichenbestände vorläufig in erster Linie örtliche Eicheln zu verwenden sind.

13. Die Bedeutung der Pflegehiebe für die Erhaltung der Kernwuchseiche, insbesondere bei deren Einzelmischung in den Beständen, ist allgemein bekannt und seinerzeit vollkommen eindeutig von G. F. MOROSOW hervorgehoben worden. Zur Zeit erlangen Pflegehiebe im Lichte der Aufgaben, die der sowjetischen Forstwirtschaft bei der Wiederherstellung und Verbesserung des qualitativen Zustands der Eichenwälder gestellt sind, eine noch größere Bedeutung.

Eine entscheidende Bedeutung fällt in Eichenwäldern der Jungwuchspflege zu, besonders bei Einzelmischung der Eiche. In Jungwüchsen durchgeführte Pflegehiebe bestimmen die weitere Struktur und Zusammensetzung der Bestände.

Schäden infolge falsch und nicht rechtzeitig durchgeführter Umlichtung und Ausläuterung können durch spätere Pflegemaßnahmen auch bei deren sorgfältigster Ausführung nicht mehr korrigiert werden.

Pflegehiebe in Rein- und Mischbeständen sind als ganz spezielle Eingriffe anzusehen und können nicht nach irgendeiner einheitlichen schematischen Methode durchgeführt werden. Bei Beantwortung der Frage nach dem Pflegeverfahren, dem Grad und Charakter der Lichtung des Schirmes ist erforderlich, von dem jeweilig gegebenen Zustand des Bestandes und den Aufgaben, die diesem gestellt sind, auszugehen.

Wie langjährige Erfahrungen in der Eichennachzucht gezeigt haben, ist es besser, mittels Pflegehieben Mischbestände zu erziehen, wenn es die naturgeschichtlichen Verhältnisse ermöglichen. Als Beimischung sind Linde, gemeiner Ahorn, Spitzahorn, Esche und andere Holzarten zu verwenden, wobei die Mischung aber nesterweise erfolgen muß. Mischbestände sind leistungsfähiger und im Hinblick auf die Regulierung des Wasserhaushaltes und den Naturschutz wertvoller.

14. Die Wahl des Hiebssystems bei der Hauptnutzung in Eichenwäldern der Verhaue von Tula, wie auch allgemein in Eichenwäldern des europäischen Teiles der UdSSR, hängt von folgenden Wechselbeziehungen ab:

a) von Voraussetzungen, die den Charakter und den Umfang der Rolle des Eichenwaldes als Schutzwald und den Wasserhaushalt regulierender Faktor bei verschiedener Geländeausformung, verschiedenen Bodenverhältnissen und bei unterschiedlicher Bewaldung des Territoriums bestimmen;

b) vom Erfolg des Verjüngungsprozesses bei verschiedenen Hiebsverfahren und verschiedenen Standortsverhältnissen;

c) von Belangen der Exploitation.

Ausgehend von diesen Thesen und auf Grund der Arbeiten einer Reihe von Wissenschaftlern wie auch unserer Untersuchungen sind wir zu dem Schluß gekommen, daß Hauptnutzungshiebe, die eine gruppen- und nesterweise Verteilung des Eichenaufschlags auf der Schlagfläche gewährleisten, am erfolgreichsten sind.

Zum Schluß möchte ich meine tiefe Dankbarkeit für die wertvollen Hinweise, meine Arbeit betreffend, gegenüber Professor W. G. NESTEROW zum Ausdruck bringen.

Eine herzliche Dankbarkeit empfinde ich ebenfalls gegenüber Professor M. J. TKATSCHENKO für gewährte Konsultationen und wertvolle Hinweise für meine Arbeit.

Das gleiche gilt gegenüber den Mitarbeitern des Lehrstuhls für allgemeine Forstwirtschaft des Moskauer Forsttechnischen Institutes und der Leningrader Forsttechnischen S.-M.-Kirow-Akademie für gewährte Konsultationen und Hinweise für meine Arbeit.

Verzeichnis der ausgewerteten Literatur

Алексеев В. К., О хозяйстве в дубовых лесах. Лесной Журнал.
ALEXEJEW, W. K.: Über Bewirtschaftung der Eichenwälder. „Forstzeitschrift", 1902, Ausg. 4.

Арнолд Ф. К., Русский лес.
ARNOLD, F. K.: Der russische Wald, 1811, Bd. II.

Бондалетов, К вопросу об искусственном возобновлении дубрав. Лесной Журнал.
BONDALJOTOW: Zur Frage der künstlichen Verjüngung der Eichenwälder. „Forstzeitschrift", 1908, Ausg. 9.

Браунсдорфер, Исчезновение ценных пород, в особенности дуба, в лиственных лесах Юго-Западного Края. Лесной Жубнал.
BRAUNSDORFER: Das Verschwinden wertvoller Holzarten, insbesondere der Eiche, in Laubwäldern des Südwestgebietes. „Forstzeitschrift", 1894, Ausg. 3.

Бурлаков, Чересполосные рубки в дубовых насаждениях. Лесной Жубнал.
BURLAKOW: Springhiebe in Eichenwäldern. „Forstzeitschrift", 1904, Ausg. 9—10.

Веселовский В. П., О росте дуба в Чернолесье. Лесной Журнал.
WESSELOWSKI, W. P.: Über das Wachstum der Eiche in Tschernolesje. „Forstzeitschrift" 1907, Ausg. 1.

Веселовский В. П., О возобновлении и воспитании дуба в лесах Германии и Австро-Венгрии. Лесной Журнал.
WESSELOWSKI, W. P.: Über Verjüngung und Erziehung der Eiche in Wäldern Deutschlands und Österreichs. „Forstzeitschrift", 1909, Ausg. 6—7.

Вронский С. Г., Дубравы корабельного л-ва. Лесной Журнал.
WRONSKI, S. G.: Eichenwälder des Schiffsbau-Forstamtes. „Forstzeitschrift", 1913, Ausg. 1—2.

Высоцкий Г. Н., О выборе наиболее подходящих для культуры в степях форм древесной растительности.
WYSSOZKI, G. N.: Über die Auswahl der für Steppenkulturen geeignetsten Formen der Baumvegetation, Kiew 1903.

Высоцкий Г. Н., Лесные културы степных опытных лесничесть с 1893 г. по 1907 г. Труды по лесн. оп. леду в России.
WYSSOZKI, G. N.: Forstkulturen der Steppen-Versuchsreviere von 1893 bis 1907. Arbeiten des forstl. Versuchswesens in Rußland, 1902, Ausg. 10.

Георгиевский Н. П., К. обоснованию рубок ухода Журн. Лесное хоз-во.
GEORGIJEWSKI, N. P.: Zur Begründung der Pflegehiebe. Zeitschrift „Die Forstwirtschaft", 1939, Nr. 11.

Голосов Н. А., О предохранении посевов желудей от уничтожения мышами Журн. Лесное хоз-во.
GOLOSSOW, N. A.: Über Schutz der ausgesäten Eicheln vor Vernichtung durch Mäuse. Zeitschrift „Die Forstwirtschaft", 1937, Nr. 5 (11).

Голосов Н. А., Естественно-исторические условия Тульских засек. Труды по Л. О. Д. Тульских засек.
GOLOSSOW, N. A.: Die naturgeschichtlichen Verhältnisse der Verhaue von Tula. Arbeiten d. forstl. Versuchswesens der Verhaue von Tula, 1937, Ausg. 1.

Горшенин П. М., Лохов В. П. и др., Руководство по рубкам ухода за лесом. Гослестехиздат.
GORSCHENIN, P. M., LOCHOW, W. P. u. a.: Anleitung zur Durchführung von Pflegehieben. Staatl. forsttechn. Verlag, M. 1935.

Гриценко И. Ф., Влияние разных подгонов на рост дуба. Журнал В защиту леса.
GRIZENKO, J. F.: Der Einfluß verschiedener Treibhölzer auf das Wachstum der Eiche. Zeitschrift „Zum Schutz des Waldes", 1937, Nr. 3.

Гриценко И. Ф., Посев дуба в степных условиях. Журнал Лесное хоз-во.
GRIZENKO, J. F.: Die Saat der Eiche in Steppenverhältnissen. Zeitschrift „Die Forstwirtschaft", 1938, Nr. 6, 13.

Гриценко И. Ф., Спутники дуба в степных условиях. Агробиология.
GRIZENKO, J. F.: Begleitarten der Eiche in Steppenverhältnissen. „Agrobiologie", 1949, Nr. 1.

Гузовский Б., Казанские нагорные дубравы. Лесной Журнал.
GUSOWSKI, B.: Die Eichenwälder der Höhen von Kasan. „Forstzeitschrift", 1913, Ausg. 1—2.

Гурский А. В., Подбор пород для смешанных лесных культур. Журн. Лесное хоз-во.
GURSKI, A. W.: Die Auswahl der Holzarten für Mischkulturen. Zeitschrift „Die Forstwirtschaft", 1939, Nr. 1.

Дарвин Чарльз, Происхождение видов. Сельхозгиз.
DARWIN, Ch.: Die Entstehung der Arten. Landwirtschaftsverlag, 1935, Bd. 1.

Енькова Е. И., Климатические экотипы дуба. Научные з аписки Воронежского л.-х. ин-та.
JENKOWA, E. J.: Klimatische Ökotypen der Eiche. Wissensch. Aufzeichnungen des forsttechn. Inst. Woronesh, 1947, Bd. IX.

Железнов Г. Ф., Экологические условия и возобновление островных дубрав центральной черноземной зоны. Рукопись. Фонд ЛТА.
SHELESNOW, G. F.: Ökologische Verhältnisse und die Verjüngung der Eichenwälder der zentralen Schwarzerdezone. Manuskript, Forsttechn. Akad. (Dissertation).

Жуков А. Б., Фальковский П. К., Погребняк П. С. и Мачинский А. С., Современное состояние культур Тростянецкого опытного лесничества. Труды по лесн опыт. делу Украины.
SHUKOW, A. B., FALKOWSKI, P. K., POGREBNJAK, P. S. und MATSCHINSKI, A. S.: Der gegenwärtige Zustand der Kulturen des Versuchsforstamtes Trostjanez. Arbeiten des forstl. Versuchswesens der Ukraine, 1920, Ausg. VIII.

Жуков А. Б., Дубравы УССР и пути их восстановления (Диссерт.). Фонд библиотеки института леса Акад. Наук СССР.
SHUKOW, A. B.: Die Eichenwälder der Ukrainischen SSR und Wege zu deren Wiederherstellung (Dissertation). Fund. Bibliothek des Forstinstituts d. Akad. d. Wiss. der UdSSR.

Иванов В. И., Наблюдения над плодоношением дуба в Шиповском опытном лесничестве. Труды по лесному опытному делу.
JWANOW, W. J.: Beobachtungen über das Fruchten der Eiche im Versuchsforstamt Schipow. Arbeiten d. forstl. Versuchswesens, 1917, Ausg. XII.

Иванов В. И., Условия появления подроста дуба в дубравах южных районов СССР по исследованиям в Шиповском опытн. л-ве. Записки Воронеж. с.-х. института.
JWANOW, W. J.: Voraussetzung für das Entstehen von Eichennachwuchs in Eichenwäldern der Südgebiete der UdSSR nach Untersuchungen im Versuchsforstamt Schipow. Aufzeichn. d. landwirtsch. Inst. Woronesh. Woronesh 1926, Bd. IV.

Иванов Л. А., Солнечная радиация как экологический фактор. Труды по прикладн. ботаник, генетике и селекции.
JWANOW, L. A.: Die Sonnenstrahlung als ökologischer Faktor. Arbeiten d. angew. Botanik, Genetik und Selektion.

Каппер О. Г., Водяные побеги дуба. Журн. Лесное х-во и лесоэксплоатация.
KAPPER, O. G.: Die Wasserreiser der Eiche. Zeitschrift „Forstwirtschaft und Holzexploitation", 1935, Nr. 11.

Капелевич, Перспективы производства и потребления дуба в СССР, Журн. Лесопромышл. дело.
KAPELEWITSCH: Perspektiven der Anzucht und Verwendung der Eiche in der UdSSR. Zeitschrift „Holzindustrie", 1932, Ausg. 10.

Ключников В. Ф., История лесоустройства Тульских засек. Записки Воронеж. с.-х. ин-та.
KLJUTSCHNIKOW, W. F.: Die Geschichte der Forsteinrichtung der Verhaue von Tula. Aufzeichn. d. landw. Inst. Woronesh, 1926, Bd. VI.

Кобранов Н. П., О селекции дуба.
KOBRANOW, N. P.: Über Selektion der Eiche, 1925.

Колесников А. И., О методах получения быстрорастущих древесных форм. Журн. Соц. растениеводство.
KOLESNIKOW, A. J.: Über Methoden der Aufzucht schnellwüchsiger Holzarten. Zeitschrift „Soz. Pflanzenzucht", 1933, Nr. 5, 6.

Коржинский С. И., Флора Востока Европ. России и её систематич. и географичн. отношения.
KORSHINSKI, S. J.: Die Flora des Ostens des europäischen Rußlands und ihre systematischen und geographischen Verhältnisse, Tomsk, 1892.

Корнаковский Г. А., О возобновлении дубовых насаждений в Теллермановской роще. Лесопромышл. вестник.
KORNAKOWSKI, G. A.: Über die Verjüngung der Eichenwälder im Tellermanow-Wald. Anz. der Holzindustrie, 1904, Ausg. 43, 44, 46.

Корнаковский Г. А., Пдан хозяйства и общее описание Теллермановской рощи. Изд. Лесн. Деп., СПБ.
KORNAKOWSKI, G. A.: Betriebsplan und allgemeine Beschreibung des Tellermanow-Waldes. Verl. d. Forstdep. St. Petersburg, 1904.

Кравчинский Д., Исторический и лесоводственный очерк Шипова леса Воронеж. губ. Лесной Журнал.
KRAWTSCHINSKI, D.: Historische und forstliche Übersicht des Schipow-Waldes im Gouv. Woronesh. „Forstzeitschrift", 1887, Ausg. 2, 4.

Кравчинский Д., Лесовозвращение. Изд. Девриена.
KRAWTSCHINSKI, D.: Die Waldanzucht. Verl. Dewrien, 1903.

Краснопольския С. Н., Золотой куст (о дубняках Шипова леса) Журн. Лесоводство.
KRASNOPOLSKI, S. N.: Der goldene Strauch (über Eichenbestände des Schipow-Waldes). Zeitschrift „Der Waldbau", 1926, Ausg. 3.

Краснопольский С. Н., Золотое дно (о дубравах Теллермановского леса). Сб. Лесовед. и лесоводство.
KRASNOPOLSKI, S. N.: Der goldene Boden (über Eichenbestände des Tellermanow-Waldes). Samml. Waldkunde und Waldbau, 1928, Ausg. 5.

Лысенко Т. Д., Теоретические основы яровизацин. Гос. изд. колхоэн. и совхозн. литературы.
LYSSENKO, T. D.: Theoretische Grundlagen der Jarovisation. Staatl. Verlag für Kolchos- und Sowchosliteratur, 1935.

Лысенко Т. Д., О положении в биологической науке. Сельхозгиз.
LYSSENKO, T. D.: Über die Lage in der biologischen Wissenschaft. Landwirtschafts-Verlag, 1948.

Лысенко Т. Д., Агробиология. Сборник работ по вопросам генетики, селекции и семеноводства.
LYSSENKO, T. D.: Agrobiologie. Samml. von Arbeiten über Fragen der Genetik, Selektion und Saatzucht. 3. Aufl. Landwirtschafts-Verlag, 1948.

Лысенко Т. Д., Посев полезащитных лесных полос гнездовым способом. Журн., Агробиология.
LYSSENKO, T. D.: Die Saat von Ackerschutzstreifen nach dem Nesterverfahren. Zeitschrift „Agrobiologie", 1949, Nr. 5.

Лысенко Т. Д., Естественный отбор и внутривидовая конкуренция. Агробиология.
LYSSENKO, T. D.: Natürliche Auslese und innerartliche Konkurrenz. „Agrobiologie", 1948.

Лысенко Т. Д., Опытные посевы лесных полос гнездовым способом. Агробиология. Сборник работ по вопросам генетики, селекции и семеноводства. Сельхозгиз.

Agrobiologie. Samml. von Arbeiten über Fragen der Genetik, Selektion und Saatzucht, 4. Aufl., Staatl. landw. Verl., 1948.
LYSSENKO, T. D.: Versuche der Saat von Waldstreifen nach dem Nesterverfahren.

Лысенко Т. Д., За устойчивые высокие урожаи на полях Поволжья.
LYSSENKO, T. D.: Für beständig hohe Ernten auf Feldern des Wolgagebietes, Jswestija vom 30. 1. 1949.

Ляхович С. К., О сохранении дубового подроста. Журн. Лесное хоз-во.
LJACHOWITSCH, S. K.: Über Erhaltung des Eichennachwuchses. Zeitschrift „Die Forstwirtschaft", 1939, Nr. 2.

Максимов Н. А. и Леман В. М., Культура сеянцев древесных на электрическом свете. Доклады ТСХА.
MAXIMOW, N. A., und LEHMANN, W. M.: Sämlingskulturen der Holzpflanzen bei elektrischem Licht. Vorträge d. Timirjasew. landw. Akad., 1946, Ausg. III.

Маркс К., Теории прибавочной стоимости. Партиздат ЦК ВКП(б).
MARX, K.: Die Theorie der zusätzlichen Kosten. Parteiverlag ZK der KPdSU (B), 1936.

Маркс К. и Энгельс Ф., Архив.
MARX, K., und ENGELS, F.: „Archiv", 1924, Heft 9.

Марченко А. Г., К вопросу о суховершинности дубовых резервных деревьев. Записки Н. А. ин-та с.-х. и л-ва.
MARTSCHENKO, A. G.: Zur Frage der Gipfeldürre der Eichenüberhälter, Nowo-Alex. Inst. für Land- und Forstwirtschaft, 1905, Ausg. 3, Bd. 17.

Мачинский А. С., О расах дуба. Лесоводство и лесоведение.
MATSCHINSKI, A. S.: Über Rassen der Eiche. „Waldbau und Waldkunde", 1927, Ausg. IV.

Мичурин И. В., Принципы и методы работы. Сочинения, т. 1. Сельхозгиз.
MITSCHURIN, J. W.: Grundsätze und Methoden der Arbeit. Werke, Bd. 1, Staatl. landw. Verlag, 1939.

Мичурин И. В., Выведение новых културных сортов плодовых деревьев из семян. Сочинения, т. 1. Сельхозгиз.
MITSCHURIN, J. W.: Die Züchtung neuer Kultursorten von Obstbäumen aus Samen. Werke, Bd. 1, Staatl. landw. Verl., 1939.

Моисеев Т. Н., Гнездовая посадка лесосадов в горах. Журн. Агробиология.
MOISSEJEW, T. N.: Die Nesterpflanzung von Waldgärten in Bergen. Zeitschrift „Agrobiologie", 1948, Nr. 3.

Молчанов А. П. Краткий исторический очерк лесокультурных мероприятий с 1843 г. по 1894 г. и культурные приемы, практикуемые за последнее время по первому Одоевскому лесничеству Тульской губ.
MOLTSCHANOW, A. P.: Kurze historische Übersicht der Kulturmaßnahmen von 1843 bis 1894 und Kulturverfahren, die in letzter Zeit im ersten Odojewskischen Forstamt des Gouv. Tula Anwendung gefunden haben, 1895, St. Ptb.

Морозов Г. Ф., Основания учения о лесе 1920 Учение о лесе.
MOROSOW, G. F.: Grundlagen der Lehre vom Walde, 1920. Die Lehre vom Walde, 6. Aufl., 1931.

Морозов Г. Ф., Несколько слов памяти Дубровной комисии. Лесной Журнал.
MOROSOW, G. F.: Einige Worte des Gedenkens der Dubrower Kommission. „Forstzeitschrift", 1913, Ausg. 1—2.

Морозов Г. Ф., Рубки возобновления и ухода.
MOROSOW, G. F.: Verjüngungs- und Pflegehiebe, 4. Aufl., 1930.

Морозов Г. Ф., Очерки по лесокультурному делу. Сельхозгиз.
MOROSOW, G. F.: Berichte über das Forstkulturwesen, Staatl. landw. Verl, 1930.

Морозов Г. Ф., Отрывочные заметки из лекции по общему лесоводству. Лесной Журнал.
MOROSOW, G. F.: Auszüge aus Vorlesungen über allgemeinen Waldbau. „Forstzeitschrift", 1918, Ausg. 9—10.

Наставление по рубкам ухода. Главлесоохрана.
Anleitung zur Durchführung von Pflegehieben. Hauptverwaltung für Forstschutz, 1941.

Нестеров В. Г., Использование опыта лесных культур для степного лесоразведения. Журн. Агробиология.
NESTEROW, W. G.: Auswertung der Erfahrungen in Forstkulturen für die Steppenaufforstung, „Agrobiologie", 1949, Nr. 1.

Нестеров В. Г., Методика изучения естественного возобновления.
NESTEROW, W. G.: Die Methodik des Studiums der Naturverjüngung. Krasnojarsk, 1948.

Нестеров В. Г., Общее лесоводство. Гослесбумиздат.
NESTEROW, W. G.: Allgemeiner Waldbau. Staatl. Verl. der Holz- und Papierindustrie, 1949.

Нестеров В. Г., Лесное хозяйство СССР.
NESTEROW, W. G.: Die Forstwirtschaft der UdSSR. große sowjet. Enzyklopädie, Bd. „UdSSR", 1947.

Нестеров В. Г., Черты самобытности руского лесоводства. Сборник Развитие руского лесоводства.
NESTEROW, W. G.: Selbständigkeitszüge des russischen Waldbaus. Samml. „Die Entwicklung des russischen Waldbaus", 1948, Ausg. 1.

Нестеров В. Г., Передовая роль отеч. лесох. науки и её отражение в учебной литературе. Журн. Вестник высшей школы.
NESTEROW, W. G.: Die fortschrittliche Rolle der einheimischen Forstwissenschaft und ihre Widerspiegelung in Lehrbüchern. Zeitschrift „Hochschulnachrichten", 1948, Nr. 7.

Никитин И. Н., О новых идеях в древоводстве и лесоводстве Журн. Лесное хоз-во.
NIKITIN, J. N.: Über neue Ideen in der Baumzucht und im Waldbau. Zeitschrift „Die Forstwirtschaft", 1941, Nr. 5.

Никитин И. Н., Лесное хозяйство и идеи Мичурина. Журн. Лесная индустрия.
NIKITIN, J. N.: Die Forstwirtschaft und die Ideen Mitschurins. Zeitschrift „Die Holzindustrie", Nr. 19, 1939.

Огиевский В. Д. Способы облесения сосновых и дубовых вырубок. Лесной Журнал.
OGIJEWSKI, W. D.: Bewaldungsverfahren der Kiefern- und Eichenschläge. „Forstzeitschrift", 1898, Ausg. 3.

Огиевский В Д., О густой культуре дуба. Лесной Журнал.
OGIJEWSKI, W. D.: Über dichte Eichenkultur. „Forstzeitschrift", 1910, Ausg. 8—9.

Огиевский В. Д., Возобновление дуба посредством густой культуры местами Труды по лесн. опытн. делу России.
OGIJEWSKI, W. D.: Die Verjüngung der Eiche durch dichte Plätzekultur. Arbeiten des forstl. Versuchswesens Rußlands, 1912, Ausg. X/VI.

Орлов М. М., Дубовые леса средн. и южн. России, и хозяйство в них. Русское лесное дело.
ORLOW, M. M.: Die Eichenwälder Zentral- und Südrußlands und ihre Bewirtschaftung. „Russ. Forstwesen", 1894, Nr. 9.

Орлов М. М., Исторический очерк искусственноо лесовозращения в России. Рап. И. Ин-та.
ORLOW, M. M.: Historische Übersicht der künstlichen Waldbegründung in Rußland. Mitteil. d. Forstinst., 1895.

Орлов М. М., Тульские засеки. Журн. Русское лесное дело.
ORLOW, M. M.: Die Verhaue von Tula. Zeitschrift „Das russische Forstwesen", 1882, Nr. 15.

Орлов М. М., Дубовые леса Казанского Поволжья. Зап. Н. А. Ин-та с-х. и л-ва.
ORLOW, M. M.: Die Eichenwälder des Kasangebietes der Wolga. Mitt. d. Inst. für Land- u. Forstwirtsch. Nowo-Alexandria, 1897, Ausg. 2, Bd. 10.

Основные правила ведения лесного хозяйства в дубравах водоохранной зоны. Главлесоохраны при Совете Министров СССР.
Grundregeln der Wirtschaftsführung in Eichenwäldern der Wasserschutzzone. Hauptverwaltg. für Forstschutz beim Ministerrat der UdSSR, Dezember 1946.

Першаков А. А., Условия борьбы с мышами в нагорных дубравах Чувашско-Марийского Приволжья. Известия Поволжского Лесотехн. Ин-та.
PERSCHAKOW, A. A.: Voraussetzungen für die Mäusebekämpfung in Eichen-Höhenwäldern des Tschuwaschisch-Marijischen Wolgagebietes. Mitteil. d. forsttechn. Instituts des Wolgagebietes, 1934, Ausg. 4.

Пестенко М. Л., Осветление дуба и ясеня в естественных насаждениях свежей дубравы. Журн. Лесное хоз-во.
PESTENKO, M. L.: Das Auslichten der Eiche und der Esche in Naturbeständen des frischen Eichenwaldes. Zeitschrift „Die Forstwirtschaft", 1941, Nr. 3.

Погребняк П. С., Шмидт В. Э. Калужский И. И., Вербицкий Л. Н., Основы лесной типологии. Укрнитолес.
POGREBNJAK, P. S., SCHMIDT, W. E., KALUSHSKI, J. J., WERBIZKI, L. N.: Grundlagen der Waldtypologie. Ukrain. Forstinstiut, Kiew, Ausg. X.

Погребняк П. С., Лесорастительные условия левобережного Полесья Украины Труды лесн. опытн. дела.
POGREBNJAK, P. S.: Die Wuchsverhältnisse auf dem linken Ufer des „Polesje" in der Ukraine. Mitteil. d. forstl. Versuchswesens, Charkow, 1928, Ausg. X.

Погребняк П. С., Опыт исследования расового состава обыкновенного дуба (Q. pendunculata) в Тростянецком лесничестве на Украине Лесоведение и лесоводство.
POGREBNJAK, P. S.: Untersuchungen des Rassenbestandes der gem. Eiche (Qu. pedunculata) im Forstamt Trostjanez der Ukraine. „Waldkunde und Waldbau", 1926, Ausg. 3.

Погребняк П. С., Сосново-дубовые культуры. Журн. В защиту леса.
POGREBNJAK, P. S.: Kiefern-Eichenkulturen. Zeitschrift „Zum Schutze des Waldes", 1938, Nr. 2.

Попов В. В. Тульские засеки XVI—XX века. Труды по лесн. оп. делу Тульских засек.
POPOW, W. W.: Die Verhaue von Tula im XVI.—XX. Jahrhundert. Mitteil. d. forstl. Versuchswesens der Verhaue von Tula, 1937, Ausg. 1.

Попов В. В., Опыт исследования лесных культур Тульских засек, Труды по лесн. оп. делу Тульских засек.
POPOW, W. W.: Untersuchungen der Forstkulturen der Verhaue von Tula. Arbeiten d. forstl. Versuchswesen der Verhaue von Tula, 1937, Ausg. II.

Попов В. В., Интенсивность комбинированного ухода за лесом. Труды по лесн. опытн. делу Тульских засек.
POPOW, W. W.: Die Intensität der kombinierten Waldpflege. Arbeiten d. forstl. Versuchswesens der Verhaue von Tula, 1938, Ausg. III.

Попов В. В., Естественное возобновение и планирование лесокультурных Мероприятий. Журн. В защиту леса.
POPOW, W. W.: Naturverjüngung und Planung der Kulturmaßnahmen. Zeitschrift zum Schutz des Waldes, 1938, Ausg. II.

Пономарев Н. В., Современное состояние государственного. общественного и частного лесного хозяйства в России.
PONOMAREW, N. W.: Der gegenwärtige Zustand der staatlichen, kommunalen und privaten Forstwirtschaft in Rußland, St. Ptb., 1891.

Постановление Совета Министров и ЦК ВКП(б) от 20 X. 1948 г.
Der Beschluß des Ministerrates und des ZK der KPdSU (B) vom 20. 10. 1948.

Пригара, Посев дуба на лесосеках, предназначенных в рубку в ближайшее десятилетие. Лесопромышл. вестник.
PRIGARA: Die Eichensaat auf Schlägen, die im nächsten Dezennium zum Einschlag bestimmt sind. „Holzindustrie", 1903, Nr. 1.

Прохоров, Оро-гидрологический и почвенный генезис Теллермановской рощи. Труды опытных лесничеств.
PROCHOROW: Die hydrologische und bodenkundliche Genesis des Tellermanow-Waldes. Mitteil. der Versuchsforstämter.

Пряхин И. П., К вопросу о естественном отборе и внутривидовой конкуренции в лесу. Журнал Агробиология.
PRJACHIN, J. P.: Zur Frage der natürlichen Auslese und der innerartlichen Konkurrenz im Walde. „Agrobiologie", 1947, Nr. 1.

Пряхин И. П., Портных Ю. П., О культуре дуба площадками для полезащитных насаждений, Журн. Агробиология.
PRJACHIN, J. P., PORTNYCH, J. P.: Über die Plätzekultur bei der Eiche zur Begründung von Ackerschutzbeständen. „Agrobiologie", 1949, Nr. 1.

Пятницкий С. С., Экологические типы обыкновенного дуба и их использование в лесокультурной практике. Журнал Лесн. хоз-во.
PJATNIZKI, S. S.: Ökologische Typen der gem. Eiche und deren Auswertung für die Kulturpraxis. Zeitschrift „Die Forstwirtschaft", 1941, Nr. 3.

Пятницкий С. С., Естественное семенное возобновление в Чугуево-Бабчанской дубраве. Труды Чугуево-Бабчан. лесн. опыт. станции.
PJATNIZKI, S. S.: Die natürliche Samenverjüngung im Eichenwalde von Tschugujewo-Babtschansk. Mitteil. d. forstl. Versuchsstat. Tschugujewo-Babtschansk, 1933, Ausg. 1.

Пятницкий С. С., Экспериментальное получение межвидовых гибридов роде Quercus Акад. Наук. СССР.
PJATNIZKI, S. S.: Experimentelle Züchtung zwischenartlicher Hybriden der Gattung Quercus. Akad. d. Wiss. der UdSSR, 1946, Bd. IV, Nr. 4.

Пятницкий С. С., Гибридизация удбов. Журн. Лесное хоз-во.
PJATNIZKI, S. S.: Hybridisierung der Eichen. Zeitschrift „Die Forstwirtschaft", 1939, Nr. 7.

Пятницкий С. С., Выведение новых пород дуба методом отделенной гибридизации (в роде Quercus) Рукопись (диссертация).
PJATNIZKI, S. S.: Züchtung neuer Eichenarten durch die Methode der entfernten Hybridisierung (d. Gatt. Quercus), Manuskript (Dissertation).

Самофал С. А., Из лесокультурных опытов в Тульских засеках. Труды по лесн. оп. делу Тульских засек.
SAMOFAL, S. A.: Aus Kulturversuchen der Verhaue von Tula. Mitteil. d. forstl. Versuchswesens der Verhaue von Tula, 1938, Ausg. III.

Самофал, С. А., Искание засухоустойчиых рас дуба. Труды по лесн. оп. делу.
SAMOFAL, S. A.: Die Suche nach dürreresistenten Rassen der Eiche. Mitteil. d. forstl. Versuchswesens, 1920, Ausg. 2.

Седашев П., Уход за дубовым самосевом на сплошных вырубках в южной России.
SEDASCHEW, P.: Die Pflege des Eichenaufschlags auf Kahlschlägen in Südrußland. „Forstzeitschrift", 1905, Ausg. 8.

Седашев П., Культура дуба под пологом старого насаждения. Лесопромышл. вестник.
SEDASCHEW, P.: Eichenkulturen unter dem Schirm des Altbestandes. „Holzindustrie", 1902, Nr. 42.

Седашев П., Наблюдения над постепенными рубками в дубовых насаждениях в Подольской губ.
SEDASCHEW, P.: Beobachtungen über Schirmschläge in Eichenbeständen des Gouv. Podolien. „Forstzeitschrift", 1906, Ausg. 8.

Соболев А. Н., О возобновлении дуба.
SOBOLEW, A. N.: Über die Verjüngung der Eiche. „Forstzeitschrift", 1898, Ausg. 6.

Соболев А., По лесам Баварии.
SOBOLEW, A. N.: In Wäldern Bayerns (Tula, 1901).

Соболев А., Искусственное разведение дуба. Сельское хоз-во и лесов.
SOBOLEW, A. N.: Die künstliche Nachzucht der Eiche. „Land- und Forstwirtschaft", 1889, Nr. 6.

Соболев А., Проект изменений хозяйства, которые соответствовали бы естественному возобновлению Тульских казенных лесов.
SOBOLEW, A. N.: Ein Projekt der Wirtschaftsführung, das der Naturverjüngung der Tulaschen Staatswaldungen entsprechen würde. „Forstzeitschrift", 1903.

Сталин И. В., О диалектическом и историческом материализме.
STALIN, J. W.: Über dialektischen und historischen Materialismus, 1939.

Старченко И. И. Некоторые принципы создания лесных культур.
STARTSCHENKO, J. J.: Einige Grundsätze zur Begründung von Forstkulturen. Zeitschrift „Die Forstwirtschaft", 1939, Nr. 1.

Степанов Н. Н., Типы лесных культур. Журн. В зашиту леса.
STEPANOW, N. N.: Typen der Forstkulturen. Zeitschrift zum Schutz des Waldes, 1937, Ausg. 2, 3, 4.

Сукачев В. Н., Типы леса и их значение для лесного хозяйства.
SUKATSCHEW, W. N.: Waldtypen und ihre Bedeutung für die Forstwirtschaft.

Тимирязев К. А., Исторический метод в биологии. Сочинения, Сельхозгиз.
TIMIRJASEW, K. A., Die historische Methode in der Biologie. Werke, Bd. VI, Landw. Staatsverlag, 1939.

Тимофеев В. П., Творческий дарвинизм — научная основа рубок ухода за лесом.
TIMOFEJEW, W. P.: Der schöpferische Darwinismus — Grundlage der Pflegehiebe. Zeitschrift „Die Forstwirtschaft", 1949, Nr. 1.

Ткаченко М. Е. Системы рубок и повышение производительности водоохраных лесов. Журн. Лесная Индустрия.
TKATSCHENKO, M. E.: Hiebssysteme und Leistungssteigerung der Wasserschutzwälder. Zeitschrift „Die Holzindustrie", 1937, Nr. 5.

Ткаченко М. Е., Общее лесоводство.
TKATSCHENKO, M. E.: Allgemeiner Waldbau, 1939.

Тюрин А. В., По дубовым лесам СССР — Шипов лес. Журн. Лесопромыш. топливо.
TJURIN, A. W.: Aus Eichenwäldern der UdSSR — Der Schipow-Wald. Zeitschrift „Holzindustrie und Heizstoff", 1924, Nr. 4, 9, 10.

Харитонович Ф. Н., Межвидовая борьба и взаимопомощь в степных лесных насаждениях. Журн. Агробиология.
CHARITONOWITSCH, F. N.: Der zwischenartliche Kampf und die gegenseitige Hilfe in Waldbeständen der Steppe. Zeitschrift „Agrobiologie", 1948, Nr. 6.

Харитонович Ф. Н., Нужен ли дубу подгон?
CHARITONOWITSCH, F. N.: Bedarf die Eiche eines Treibholzes? Zeitschrift „Die Forstwirtschaft", 1949, Nr. 1.

Харитонович Ф. Н., Взаимоотношения дуба с другими породами в смешанных насаждениях в степи. Журн. Агробиология.
CHARITONOWITSCH, F. N.: Die Wechselbeziehungen zwischen der Eiche und anderen Holzarten in Mischbeständen der Steppe. Zeitschrift „Agrobiologie", 1949, Nr. 1.

Харитонович Ф. Н., Сезонный прирост рано и поздно распускающихся дубов. Труды по лесн. опытн. делу Украины.
CHARITONOWITSCH, F. N.: Der saisonmäßige Zuwachs der früh- und spätausschlagenden Eiche. Mitteil. des forstl. Versuchswesens der Ukraine, 1930, Ausg. XV.

Хитрово А. А., Возобновление дуба в Черном лесу.
CHITROWO, A. A.: Die Verjüngung der Eiche in Tschernolesje. „Forstzeitschrift", 1911, Ausg. 7, 8.

Хитрово А. А., Естественное возобновление Казанских нагорных дубрав (доклад Тульск. XI съезду, 1909).
CHITROWO, A. A.: Die Naturverjüngung der Eichen-Höhenwälder von Kasan. (Vortrag auf d. XI. Tagung in Tula, 1909.) „Forstzeitschrift", 1910, Ausg. 10.

Хитрово А. А., Казанские нагорные дубравы.
CHITROWO, A. A.: Die Eichen-Höhenwälder von Kasan. „Forstzeitschrift", 1907, Ausg. 10.

Хитрово А. А., К вопросу о судьбе дубрав средней России.
CHITROWO, A. A.: Zur Frage des Schicksals der Eichenwälder Zentralrußlands. „Forstzeitschrift", 1908, Ausg. 1.

Хитрово А. А., Травяной покров сплошных лесосек в Тульских засеках и его история развития. Труды по лесн. опитн. делу.
CHITROWO, A. A.: Die Grasdecke der Kahlschläge in den Verhauen von Tula und die Geschichte ihrer Entwicklung. Mitteil. d. forstl. Versuchswesens, 1907, Ausg. 1.

Шеф М., Естественное возобновление главн. пород в Казанских дубравах по исследованиям в Мамадышском кантоне Татреспублики. Сб. научн. статей Казан. ин-та с. х. и л-ва.
SCHEF, M.: Die Naturverjüngung der Hauptholzarten in Eichen-Höhenwäldern von Kasan nach Untersuchungen im Kanton Mamadysch der Tatarenrepublik. Samml. wiss. Artikel des Kasanschen Instituts für Land- und Forstwirtschaft, 1925.

Широков Д., Способы возобновления дуба Г. А. Корнаковского. Извест. Император. лесн. ин-та.
SCHIROKOW, D.: Die G. A. Kornakowskyschen Verfahren der Eichenverjüngung. Mitteil. des Kaiserl. Forstinstituts, 1904, Ausg. 2.

Шмидт В. Э., Рубка и возобновление дуба в Черном лесу. Научные записки Киевского Лесотехн. ин-та.
SCHMIDT, W. E.: Einschlag und Verjüngung der Eiche in Tschernolesje. Wiss. Berichte des forsttechn. Instituts Kiew, 1938, Ausg. 1.

Шмидт В. Э., Возобновление в лесах Укр. левобереж. Полесья. Труды лесн. опытн. дела Украины.
SCHMIDT, W. E.: Die Walderneuerung auf dem linken Ufer des „Polesje" in der Ukraine. Mitteil. des forstl. Versuchswesens der Ukraine, 1928, Ausg. X.

Шмидт В. Э., Естественное и искусственное возобновление в лесах Укр. правобереж. полесья. Труды лесн. опытн. дела Укаины.
SCHMIDT, W. E.: Die natürliche und künstliche Walderneuerung auf dem rechten Ufer des „Polesje" in der Ukraine. Mitteil. d. forstl. Versuchswesens d. Ukraine, Charkow, 1927, Ausg. VII.

Шмидт В. Э., Об уходе за лесом в Тульских казенных засеках.
SCHMIDT, W. E.: Über Waldpflege in den staatl. Verhauen von Tula. „Forstzeitschrift", 1903, Ausg. 5.

Штурм В. Н., К вопросу о современном уходе за насаждениями в русских лесах (по практике в Тульских засеках).
STURM, W. N.: Die gegenwärtige Bestandspflege in den russischen Wäldern (nach der Praxis der Verhaue von Tula). „Forstzeitschrift", 1904, Ausg. 3 u. 4.

Штурм В. Н., Различные виды ухода за культурами дуба и молодняками (доклад XI съезду лесов. и лесохоз. в г. Туле.
STURM, W. N.: Verschiedene Pflegemaßnahmen in Eichenkulturen und Jungwüchsen (Vortrag auf d. XI. forstw. Tagung in Tula, St. Petersburg, 1909).

Шустов В. А., Об оптимальных рубках ухода за лесом.
SCHUSTOW, W. A.: Über optimale Pflegehiebe. Zeitschrift „Die Forstwirtschaft", 1938, Nr. 5 II.

Шустов В. А., Опыт прореживания дубовых насаждений.
SCHUSTOW, W. A.: Versuche bei der Eichendurchforstung. Zeitschrift „Die Forstwirtschaft", Nr. 10, 1936.

Шустов В. А., Влияние прореживания на производительность и качество насаждений.
SCHUSTOW, W. A.: Der Einfluß der Durchforstung auf Leistung und Qualität der Bestände. Zeitschrift „Die Forstwirtschaft", 1940, Nr. 7.

Шольц-фон-Атербен, Естественное и искусственное возобновление дубрав лесостепной полосы. Зап. импер. Алекс. ин-та.
SCHOLZ, ASCHERSLEBEN: Die natürliche und künstliche Verjüngung der Eichenwälder in der Waldsteppenzone. Bericht d. Kaiserl. Alex. Inst., 1908, Ausg. I, XXI.

Эйтинген Г. Р., Развитие дуба на втором году жизни в зависимости от веса желудей. Лесопром. вестник.
EITINGEN, G. R.: Die Entwicklung der Eiche im zweiten Lebensjahr, abhängend vom Gewicht der Eicheln. Zeitschrift „Holzindustrie", 1915, Ausg. 41 u. 42.

Эйтинген Г. Р., Рост дуба в зависимости от веса желудей. Журн. Советская Агрономия.
EITINGEN, G. R.: Das Wachstum der Eiche, abhängend vom Gewicht der Eicheln. Zeitschrift „Sowjet. Agronomie", 1946, Nr. 7—9.

Эйтинген Г. Р., Влияние густоты древостоя на рост насаждений.
EITINGEN, G. R.: Der Einfluß der Bestandesdichte auf das Wachstum der Bestände. „Forstzeitschrift", 1918, Ausg. 6 u. 8.

Юркевич И. Д., Естественное возобновление дубовых древостоев БССР.
JURKEWITSCH, J. D.: Die Naturverjüngung der Eichenbestände der BSSR (Bjeloruss. SSR). Zeitschrift „Die Forstwirtschaft", 1938, Nr. 1 u. 7.

Юркевич И. Д., Естественное возобновление и водоохранных лесах БССР.
JURKEWITSCH, J. D.: Die Naturverjüngung in Wasserschutzwäldern der BSSR, Minsk, 1939.

Юркевич И. Д. и Ляхов С. К., Влияние рельефа и микрорельефа на естественное возобновление.
JURKEWITSCH, J. D. und LJACHOW, S. K.: Der Einfluß des Reliefs und des Mikroreliefs auf die Naturverjüngung. Zeitschrift „Die Forstwirtschaft", 1939, Nr. 1.

Юркевич И. Д. и Червяков П. Д., Плодоношение дуба в лесах БССР.
JURKEWITSCH, J. D. und TSCHERWJAKOW, P. D.: Das Fruchten der Eiche in Wäldern der BSSR. Zeitschrift „Die Forstwirtschaft", 1939, Nr. 12.

Юнаш Д. Р., Возобновление дуба в Шиповом лесу.
JUNASCH, D. R.: Die Eichenverjüngung im Schipow-Walde. Zeitschrift „Die Forstwirtschaft", 1940, Nr. 10.

Юницкий А. А., О возобновлении дуба торчками. Сб. Лесоведение и лесоводство.
JUNIZKI, A. A.: Über die Verjüngung der Eiche durch Stummeln. St. Ptbg. Waldkunde und Waldbau, 1927, Ausg. 4.

Яблоков А. С., Лесное семеноводство и селекция. Гослесбумиздат.
JABLOKOW, A. S.: Forstliche Saatzucht und Selektion. Staatl. Verlag d. Holz- und Papierindustrie, 1949.

Яблоков А. С., и др. Создание семенных хозяйств новых пород и селекционный отбор.
JABLOKOW, A. S. u. a.: Die Begründung von Saatzuchtbetrieben neuer Holzarten und die Selektion. Zeitschrift „Die Forstwirtschaft", 1939, Nr. 10.

Яблоков А. С., Мичуринское учение — научная основа советского лесоводства.
JABLOKOW, A. S.: Die Lehre Mitschurins — Wissenschaftliche Grundlage des sowjetischen Waldbaus. Zeitschrift „Die Forstwirtschaft", 1948, Nr. 2.

Яшнов Л., О сохранении естественного подроста при вырубке лесосек. Журн. Русское лесное дело.
JASCHNOW, L.: Über die Erhaltung der Naturverjüngung beim Einschlag. Zeitschrift „Das russische Forstwesen", 1892, Nr. 3.

FSC
www.fsc.org
MIX
Papier | Fördert gute Waldnutzung
FSC® C083411

Kolibri 360 GmbH
Ferdinand-Jühlke-Straße 7
99095 Erfurt, Deutschland
produktsicherheit@kolibri360.de